安徽省“十四五”首批高等职业教育规划教材

“十四五”技工教育规划教材

安徽名菜

（第3版）

主　编　孙克奎　金声琅
副主编　姜　薇　黄　炜　刘　颜

合肥工業大學出版社

图书在版编目（CIP）数据

安徽名菜/孙克奎，金声琅主编. -- 3版. -- 合肥：合肥工业大学出版社，2024.
ISBN 978-7-5650-5245-3

Ⅰ. TS972.182.54

中国国家版本馆CIP数据核字第2024TG2511号

安徽名菜（第3版）

孙克奎　金声琅　主编　　　　责任编辑　张　慧　毕光跃

出　版	合肥工业大学出版社	版　次	2009年4月第1版
地　址	合肥市屯溪路193号		2019年10月第2版
邮　编	230009		2024年12月第3版
电　话	人文社科出版中心：0551-62903205	印　次	2024年12月第1次印刷
	营销与储运管理中心：0551-62903198	开　本	787毫米×1092毫米　1/16
网　址	press.hfut.edu.cn	印　张	9.5
E-mail	hfutpress@163.com	字　数	231千字
发　行	全国新华书店	印　刷	安徽联众印刷有限公司

ISBN 978-7-5650-5245-3　　　　定价：48.00元

前　言

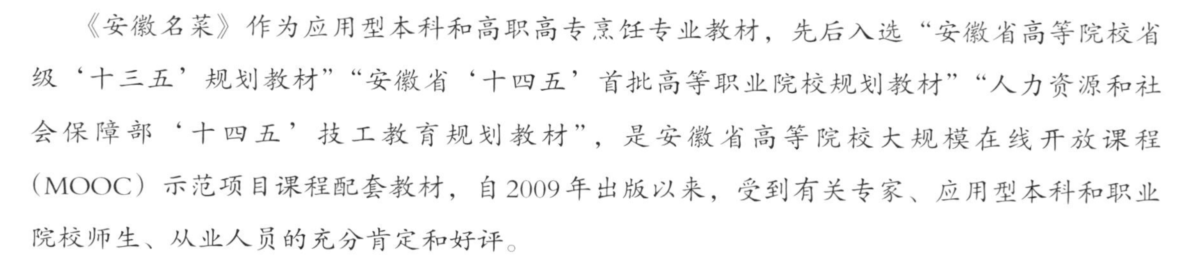

《安徽名菜》作为应用型本科和高职高专烹饪专业教材，先后入选“安徽省高等院校省级‘十三五’规划教材”“安徽省‘十四五’首批高等职业院校规划教材”“人力资源和社会保障部‘十四五’技工教育规划教材”，是安徽省高等院校大规模在线开放课程（MOOC）示范项目课程配套教材，自2009年出版以来，受到有关专家、应用型本科和职业院校师生、从业人员的充分肯定和好评。

随着国务院印发《国家职业教育改革实施方案》，中国特色高水平高等职业学校和专业建设计划2019年启动实施。为适应新的专业教学改革，更好地贯彻高等职业教育烹饪专业的教学改革思想，满足社会经济发展对技术技能人才的需求，满足不同学校在人才培养与课程教学中的需求，我们对教材进行了修订。

本书在保留原书内容精华和特色的基础上，以项目导向、学做一体的教学模式对内容进行重新整合，强调教材内容体系与中餐热菜实际岗位工作内容相结合，围绕实际操作，强调知识学习与职业素养养成相融通，突出工艺与实训的有机结合，并辅以大量图片，使读者可以直观了解菜肴所对应的原料、操作过程、技术要领等。为更好地让读者全面掌握知识，我们配套了部分微课视频，扫描二维码即可学习，同时在公共平台开通了MOOC，读者可以就有关问题在线上咨询老师。

本书作为烹调工艺的后置课程和实习就业的前置课程，在结合烹饪原料知识和原料营养知识的基础上，每道菜肴都增加了“菜肴介绍”“知识链接”“拓展阅读”栏目，力求将人文知识、地方历史文化、民俗、职业素养、工匠精神、团结协作等课程思政元素融入专业课堂。饮食文化往往是一个国家、一个地区文化的浓缩，学习饮食文化知识对传承中华优秀传统文化，坚定历史自信、文化自信具有十分重要的意义。本书旨在以徽菜为载体，加强中华优秀传统文化、民族文化教育，培养学生的综合素质和岗位胜任力，以体现落实立德树人的根本目的。

为确保本书深度对接行业企业标准，体现新知识、新技术、新工艺和新方法，教材修订时邀请了安徽烹饪协会李正宏，资深徽菜大师、省级徽菜传承人张根东，徽商故里文化发展集团董事长汤石男进行审读，联合徽派技艺与创新国家教学资源库子项目“徽菜技艺”建设团队，同时邀请徽商故里文化发展集团有限公司、黄山市一楼实业有限公司等徽菜名店名厨加入编者队伍。教材充分体现了餐饮产业的最新发展成果。

本版教材由黄山学院孙克奎、金声琅任主编，黄山学院姜薇、马鞍山职业技术学院黄炜、安徽科技学院刘颜任副主编，参与编写的人员还有黄山市一楼实业有限公司行政总厨李洁明（安徽省徽菜非物质文化传承人），合肥市经贸旅游学校姜跃才，安徽工商职业技术学院郑帅帅，徽商故里文化发展集团有限公司副总经理程惠珍，马鞍山职业技术学院赵馨凝、薛斌、吴昊，黄山职业技术学院焦光超，铜陵职业技术学院孙殷雷，安徽省徽州学校李剑、毛甜甜、董风雪，绩溪县酒店餐饮烹饪协会张光顺，黄山学院王兆强、余腾飞、刘少刚，当涂经贸学校张云飞。

本书在编写过程中参考了相关文献资料和网络资料，得到安徽省功能农业与功能食品重点实验室（安徽科技学院）的大力支持，很多酒店、餐饮企业朋友和同行教师对本书修订提出了很好的修改建议，我的一些学生参与了本书部分资料的采集工作，在此一并表示感谢！

本版教材虽然已经做了大量修订，但由于编者水平有限，错误、疏漏之处在所难免，敬请广大读者不吝赐教，以便修订，使之日臻完善。

孙克奎

2024年6月

目　　录

模块一　安徽名菜概述

任务一　安徽菜系的形成与发展

安徽建省于清朝康熙六年（公元1667年），省名取当时安庆、徽州两府首字合成，因境内有皖山、春秋时期有古皖国而简称皖。安徽省居中靠东，沿江通海，有八百里的沿江城市群和皖江经济带，内拥长江水道，外承沿海地区经济辐射。地势由平原、丘陵、山地构成；地跨淮河、长江、钱塘江三大水系。

安徽菜系是中国著名的地方菜系之一。它以徽州菜肴（简称“徽菜”）为代表，由皖南、沿江、沿淮三大地方风味构成。安徽菜系具有深厚的文化底蕴，是中华文化宝库中一颗璀璨的明珠。

一、安徽菜系历史悠久，源远流长

早在春秋战国时期思想家老子（安徽涡阳人）就以烹饪述理来阐述治国的方略，认为“治大国若烹小鲜”。政治家管仲（安徽颍上人）提出了“民以食为天”的思想，把“食文化”作为关系到国计民生的大事来看待，老子“五味令人口爽”及管仲“淡也者，五味之中也”等观点对现代烹饪观点理论及人们的科学饮食仍具有指导意义。[1]

汉时，淮南王刘安在淮南八公山发明了豆腐。唐时豆腐传入日本，宋时传入朝鲜，19世纪传入欧洲、非洲、北美等世界各地。直到现在日本豆腐制品上尚有“唐传豆腐干，淮南堂制”的商标。豆腐的发明是中国烹饪史上的重大事件，是安徽对全人类的一个伟大贡献。明代著名药物学家李时珍（1518—1593），在其巨著《本草纲目》中曾引用淮南王及门客著述的《淮南子》《淮南万毕术》《淮南八公山相鹤经》《三十六水法》等著作。《本草纲目》二十五卷《谷部》，将豆腐纳为医药，有最为详细的记载：“豆腐之法，始于西汉淮南王刘安。凡黑豆、黄豆及白豆、泥豆、豌豆、绿豆之类，皆可为之。造法：水漫皑碎，滤去滓，煎成，以盐卤汁或山矾叶或酸浆、醋淀就釜收之。又有入缸内，以石膏末收者。大抵得咸、苦、酸、辛之物，皆可收敛尔。其面上凝结者，揭取晾干，名豆腐皮，入馔甚佳也。味甘、咸、寒，有小毒。”

三国时，魏武帝曹操（安徽亳州人）的《求贤宴》，其子诗人曹植的《平安宴》，均突出了宴席主题，强调环境气氛的渲染。这已成为中国宴席设计的基本指导思想，在安徽烹饪史上留下了光辉一页。曹操撰写的《四时御食制》，对古今“食疗”理论及其应用都产生了极大影响。[1]

魏晋时期养生大家嵇康（安徽宿州人）所撰《养生论》是我国现有古代文献中最早的养生学专著，至今在中国养生学史上仍占有极其重要的地位。[1]

宋高宗曾问歙味于学士汪藻，汪藻举梅圣俞诗对答“雪天牛尾狸，沙地马蹄鳖”。牛尾狸即果子狸，又名白额。据《徽州府志》记载，早在南宋间，用徽州山区特产“沙地马蹄鳖，雪天牛尾狸”做菜已闻名各地。[2]安徽传统名菜“问政山笋”，也以其独特的鲜香味在南宋时就誉满临安（今杭州）。

明清时期，安徽饮食文化发展更快，饱含地域和人文色彩的安徽菜系以其特有的风味盛行于大江南北。安徽铜陵人张英撰写的《饭有十二合》全面阐述了饮馔理论，可称为安徽菜系的理论基础。明太祖首创的腊八粥，甜、咸、香、鲜兼而有之。如今吃腊八粥，已经成为我国传统节日腊八节的重要食俗。“朱洪武豆腐”“李鸿章杂烩”等传统安徽名菜在明清宫廷菜中十分流行。安徽萧县人为慈禧创制的宫廷名菜“鱼咬羊”，至今仍受大众欢迎。“屯溪臭鳜鱼”“无为熏鸭”等传统名菜在当时已远近闻名。

二、安徽菜系的组成及区域分布

安徽菜系是中国著名的地方菜系之一。它以徽州菜肴为代表，由皖南、沿江、沿淮三大地方风味构成。它们各有所长，各具特色。

（一）皖南风味

皖南风味以徽州菜肴为主，是安徽菜的主流和渊源。它涵盖黄山和宣城地区菜肴，以黄山（屯溪）、绩溪、歙县等地菜肴为代表，其主要特点是咸鲜味醇，原汁原味。善以火腿佐味，冰糖提鲜，自制酱着色、调味。擅长烧、炖、焖、蒸等烹调技法，十分讲究火功，以烹制山珍见长。其代表菜有“腌鲜鳜鱼”（即屯溪臭鳜鱼）、“香煎毛豆腐”、“胡适一品锅”、“清炖马蹄鳖”、“问政山笋”、“中和汤”、“绩溪干锅炖”、“茂林糊”等。

微课　安徽菜系的区域分布及特点

（二）沿江风味

沿江风味涵盖沿江两岸的芜湖、安庆、马鞍山、池州、铜陵和巢湖等地区菜肴，以长江两岸的芜湖、安庆地区为代表，这一地区河流纵横，湖塘沟汊密布，水产货源丰富，素称鱼米之乡。此地季节性蔬菜丰富，品种亦多。沿江地区水路交通方便，商业兴起较早。19世纪中叶以后，芜湖被辟为商埠，粮商四集，成为我国四大米市之一。这时期也是芜湖饮食业历史上发展的鼎盛时期，因南方客商来米市居多，芜湖菜肴受到了南方风味的影响。

其讲究刀工，注意形色，善于用糖调味，以烹调江鲜、湖鲜和家禽见长，擅长红烧、清蒸和烟熏技艺，其菜肴具有酥嫩、鲜醇、清爽、浓香的特色。其代表菜有“无为熏鸭”“蟹黄虾丝”“黄精炖鸡”“桐城氽肉”“秋浦花鳜”“冰姜烧仔鸭”等。

（三）沿淮风味

沿淮风味涵盖蚌埠、宿州、淮北、阜阳和亳州等地区菜肴，以蚌埠、阜阳、宿州等地菜肴为代表。其主要特点是咸鲜微辣，酥脆醇厚。善用芫荽（香菜）、辣椒和香料配色、佐味、增香，擅长烧、炸、焖、熘等烹调技法，以烹调牛羊肉见长。其代表菜有“符离集烧鸡”“萧县葡萄鱼”“阜阳板鸡”“酥糊羊腿”“亳州卤兔”等。

三、安徽菜系的特点

安徽菜系在其悠久的历史发展过程中，博采众长，兼收并蓄，逐渐形成了自己的特色。其特色主要体现在以下四个方面：

（一）以咸鲜为主，突出本味

安徽菜系对“味”历来就有很高的认识和追求，它十分注重烹饪原料的自然味性，讲究菜肴的隽美之味。在烹饪过程中，安徽菜系最大限度地保持和突出原料的本味，使有味的原料出“味”（如鸡、鸭等），无味的原料入“味”（如鱼翅、海参等）。这不仅使菜肴原汁原味，汁醇味浓，还使菜肴具有较好的营养价值和很强的滋补作用。如名菜“奶汁淮王鱼”“清炖马蹄鳖”等，都是整形烹调、整形上桌、原汁不耗、原汁不失。充分彰显菜肴的本味，是安徽菜系形成独特风味的一大特点。

（二）讲究火功，巧控火候

安徽菜系的烹调方法很多，除擅长烧、炖、焖、蒸、熏等技艺外，还有爆、炸、炒、熘、烩、煮、烤、炝、卤、焐等技法。安徽菜系在长期的发展过程中，积累了一整套烹调技法，特别是对火候的运用，更是一绝。安徽菜系继承“熟物之法，最重火功”的传统，或旺火急烧，或小火煨炖，或微火浸卤，或用木炭小炉单炖，或几种不同的火候交替运用，同时烹调一种菜肴。不仅如此，徽厨们还在长期的烹调实践中，精心研究和创造了多种巧控火候的技艺，例如“熏中淋水”“烤中涂料”“中途焖火”等。因为火功到家，徽菜既保持了菜肴的原汁原味，又使菜肴更加鲜美。如“金银蹄鸡”，因小火久炖，成品汤浓似奶，火腿红如胭脂，蹄髈玉白，鸡色奶黄，味鲜醇芳香。徽式烧鱼方法更是独特，鲜活之鱼，不用油煎，仅以油滑锅，旺火急烧，5～6分钟即成，由于水分损失少，鱼肉味鲜质嫩，早为脍炙人口的佳肴。再如“符离集烧鸡”，先由大火高温卤煮，后用小火回酥，肉烂脱骨而不失其形，味透入里而骨有余香。不同火候的运用，是安徽菜系形成独特风味的又一大特点。

（三）文化底蕴深厚

一方面，在日常生活中，人们把对生活的美好祝福融入菜名中去。如“鸡”与“吉”谐音，鸡菜寓意“吉祥”；“鱼”与“余”谐音，鱼菜意味“有余”；鱼圆或肉圆，则寓“团圆”之意。所以，在安徽各地的宴席上，必有鸡、鱼、圆三道菜。祭祀祖先时，必有一道笋菜。“笋”与“醒”在古徽州方言中是谐音，意为祈祷祖宗醒过来，以便受纳供仪，保佑子孙平安。古时，绩溪盛行赛琼碗活动（祭祀），各种各样的食品都有“五谷丰登”“吉祥如意”“洪福无边”“福寿绵长”的寓意。宴席的名称档次也往往以“吉”数来衡量，如六大盘、八大盘、十大盘、九碗八、九碗六、十碗八等。安徽菜系的很多菜肴带有浓郁的地域和人文色彩，甚至连烹调方法都折射出某种文化内涵。如“问政山笋”“李鸿章杂烩”“茴香豆”等。“茴香豆”是皖南地区流行的菜点。古时做茴香豆一般不放茴香，但因“茴香”与“回乡”谐音，茴香豆中放入茴香，则表示还有另外一层意思，就是告诉在外营商者赶快回家，起着传递信息的作用。安徽菜系中的豆腐文化更是誉满全球。可见，安徽菜系不仅是流行民间数百年的一种美食派系，还是一种妙趣横生、耐人寻味的美食文化。

（四）讲究食补与养生

安徽菜系注重食补与养生有它的历史根源。春秋战国时期，老子和庄子（安徽蒙城人）的养生思想就广为流传。东汉杰出医学家华佗（安徽亳州人）主张的“食补”与“食疗”的思想，曹操所述的“食疗”原理，嵇康的“养生论”以及皖南新安医学的“食疗”妙方都为安徽菜系注重食补、讲究养生奠定了基础理论。安徽菜系在发展过程中，始终继承和发扬了祖国悠久独特的食物养生和中医学上“医食同源，药食并重”的传统，无论在烹调方法上，还是在原料的选择和搭配上，都十分讲究食补与养生。安徽菜重视烧、炖、焖、蒸，常以整鸡、整鸽、整鸭、整鳖熬汤，亦源于滋补养生之道。合肥地区夏季喜食白老鸭炖汤，沿江一带产妇多食白煨猪肚，淮北地区以猪肝补肾补虚等，都是中医“以行补体”理论的体现。安徽名菜中各式滋补菜肴品种繁多，如“黄山炖鸽”“凤炖牡丹”“清炖马蹄鳖”等，均蕴温养生之功。徽菜注重食补，讲究以食养生，但却不同于在菜肴中配以药材烹调的“药膳”，从而形成徽菜的另一大特点。

任务二 徽菜的地位与影响

徽菜的“徽”字是指徽州，徽州是八大菜系（八大菜系指鲁菜、淮扬菜、川菜、粤菜、徽菜、湘菜、闽菜、浙菜）中徽菜的发源地。徽菜是指流传于徽州地区，利用当地特色原材料，运用恰当的烹饪方法，经漫长历史时期的发展并且融合了徽州饮食文化所形成的地方风味流派。其影响遍及长江中下游一带，在中国烹饪中具有显著特色，是中国烹饪八大菜系之一。一种菜系的形成，在于选用不同的原料和调配料，运用不同的烹调方法，最后形成自身的独特风格。其雏形大多来自民间的土菜、家宴，并在长期的饮食流传中融合各地菜肴的有益成分，形成一种派系，徽菜的形成也不例外。

徽州地处皖南山区，自宋宣和三年（公元1121年）徽宗改歙州为徽州以来，徽州的建制800多年来相对稳定，徽州府辖歙县、绩溪、休宁、祁门、黟县和婺源六县的格局基本不变。

这里的自然环境独特，重峦叠嶂，云雾缭绕，山清水秀，人文荟萃。田地虽然少，但盛产竹木、茶叶、各类山珍和文房四宝。现在看来，古徽州的先民对天然资源的利用和人类生产生活的设计充满了智慧。从历史沿革来说，这里原来只生活着一些土著居民，古称山越人，他们世世代代以山为居，利用得天独厚自然资源维持着生活。汉代末年，中原地区战乱频繁，中原世家大族陆续迁入这块后来被称作徽州的地方。西晋永嘉年间中原地区出现了大规模的移民南迁情况，史称“永嘉南渡”。这段时间，中原地区的不少世族豪强陆续率领家族乡党和佃客、部下等大量南迁。由于徽州山川险阻，兵燹难至，易守难攻，这里便成为他们的避乱乐居之地。随着中原移民的到来，中原的烹调思想和烹饪技术被带入徽州，推动了该地区饮食文明和烹饪技艺的提高。唐宋时期还有各种避乱的人继续迁移至这里，使得这一地区的人口不断增加，给素有“八山半水半分田、一分道路和庄园”之称的江南山区的居民生活带来了极大的人地矛盾。山里的物产尽管丰富，但不能变成养家糊口的粮食还是无益。于是，这里的人们在战事平息以后就设法走出大山，进行货物交易，把山里的竹、木、茶、文房四宝、漆器运到山外以换取粮食。徽州的母亲河是新安江，徽州的许多名门望族都是傍水而居的。徽州人从新安江的上游顺流而下，可以到达江浙许多地方。水路交通发达，也有利于货物贸易。这样，生计所迫、丰富的地方物产以及便捷的水路交通，共同促成了徽州人经商的生产生活传统。安史之乱以后，特别是明代以后，江南地区得到全面开发。江南地区社会经济的发展，给徽州商人提供了广阔的贸易市场。于是徽州人经商现象比以前更多，营商在徽州成为一种风尚。当时，经商成了徽州人的“第一等生业”，成人男子经商者占70%以上，极盛时还要超过这个比例。徽州商人的活动范围遍及城乡，还远至日本、泰国、东南亚各国以及葡萄牙等地，以至于当时有“无徽不成镇”的民间说法。徽商的贸易发展，推进了徽州饮食文化与外地饮食文化的交流，丰富了徽州菜肴的食材和加工技法，提高了徽州菜肴的制作水平和行业声誉。[3]

一、徽州菜系形成的原因

（一）环境决定了徽菜的特色

微课　徽州菜系形成的原因及特色

居住于崇山峻岭的徽州人，历来以农林为主要谋生职业。他们或田间劳作，或上山砍伐、种植、狩猎，比平原地带的居民要耗费更多的体力和汗水，为此，山民们在日常饮食中，需要补充更多的盐分。由于物资匮乏，家家都有腌制蔬菜的习惯，几乎一年到头都能吃到腌制食品，且家家都有熬酱油、制豆腐酱、生面酱的习惯，故口味偏重。[4]

徽州人经常采集野菜佐餐，以起到消暑、清凉、解毒的保健作用，而烹饪野菜又十分费油，故徽州人在烹饪中多讲究“重油”。[4]

徽州是产茶区，无论男女老幼均有饮茶习惯。茶既可解渴，又可提神，尤其茶叶又有“解油腻”的作用，久而成习，致使徽州人的饮食口味在“耐油”方面比平原地区更强。

徽州山多林密，具有丰富的燃料资源。在菜肴烹调中，徽州菜肴既讲究旺火快炒，又喜以木炭文火慢炖，就得益于地域的燃料条件，从而形成了徽州菜肴烹饪中重火功的特点。俗语有“吃徽菜要能等”一说，即指徽州菜肴需要文火煨炖的特点。[5]

（二）物产奠定了徽菜的基调

徽州本地丰富物产为徽州菜肴的形成奠定了良好的先天条件。徽州境内四季分明，年最高温均值37.2℃～38.9℃，年最低温均值-9.9℃～-7.7℃，年均温在15℃～16℃，可谓冬无严寒，夏无酷暑。境内水资源较为充盈，年均降水量为1395～1702毫米。境内由森林、草木丛、农林作物构成的植被占总面积的87.34%，各类植物有3000多种，其中可食用的蔬菜、果品、真菌、淀粉、竹笋、野菜、鲜花、药材等八大类占800多种。动物资源中除了家庭饲养的10余种禽畜外，爬行类20余种、两栖类10余种、鱼类30余种，多数禽兽、水产皆可食用。

在名目繁多的可食动、植物中，徽州山区可说是取之不尽、用之不竭的资源宝库。每年春季，暖雨过后，竹海里苗笋竞相生长，随之又有燕笋、江南笋、金笋、水笋、木笋等先后出土。在徽州民间食谱中，有干笋炒肉丝、干笋炒辣椒、笋干八宝酱、障笋老鸭煲及干笋炖猪蹄等笋菜。盛夏时节，采撷金黄色的黄花菜洗净蒸熟晒干，即可食用。蕨类植物在徽州随处可见，其嫩茎可与肉丝同炒，称龙爪肉丝；采其嫩茎入沸水氽过后晒干制成干蕨菜，易于存放。在徽州海拔800米以上的山崖上，还生长着灰褐色石耳，经受着烈日的暴晒、干旱的炙烤、风雨的吹打和冰霜的封冻，在恶劣的生存环境中吸纳着大自然的日月精华，徽州菜肴中有“石耳炖鸡”“石耳老鸭煲”“石耳豆腐丸”等地方名菜。在高山峡谷地带的水溪石洞中，栖息着与蛇为伍的石鸡，其肉鲜嫩；在徽州东部的沙质河道清凉的溪水中，有生长缓慢、全身有斑马纹的石斑鱼，其最重不过百克，最长不过15厘米，肉质厚实、细腻，红烧、清蒸皆可。石耳、石鸡、石斑鱼被称为徽州“三石”，以“三石”烹制而成的菜肴皆为徽州菜肴中的上品。

（三）徽商推动了徽菜的形成

徽州菜肴的形成和发展与徽商的兴起、发展有着密切关系。徽商起源于东晋，当时虽有徽菜，但未形成自己的派系。待到唐宋时，徽商日渐发达，随着徽州山区的茶叶、文房四宝等地方特产的闻名，徽州商业重心南移，从那时起，徽州便成了“富商巨贾多来往”的地方。从明代中叶一直延续到清代乾隆末期都是徽商发展的黄金时期。[6]

由于徽商的特殊地位，他们的言行举止罩上一圈光环，故人们自觉不自觉地模仿他们的生活方式，并以此为时尚，徽商们偏爱的口味也成为人们竞相效仿的对象。如扬州有名的点心“徽酥饼”就是歙县的“石头馃”，由于石头馃是徽商的宠物，因此能够在扬州被接纳。时至今日，徽商早已从扬州退出，他们精心构筑的豪宅园林也都旧迹难寻，徽酥饼却依然在扬州的街头巷尾散发着香味。[7]

其实，徽商对于徽州饮食文化发展的影响并不止于零星地将几样菜肴带到徽州以外的地区，他们是将整个徽州菜系从穷乡僻壤带出去，并予以适当改进创新，使徽菜进入了中国八大菜系的行列。同时由于徽商在各地的发展壮大，当地的饮食市场十分繁荣，徽商起初自带徽厨以备庖厨，后来逐渐发展为开徽菜馆进行商业经营。在徽商的影响下，各地徽菜馆发展很快，不仅规模大，而且知名度很高。明清时，上海徽菜馆曾达500余家，较知名的有“大中华”“大富贵”等。武汉的徽菜馆“同庆楼”还和黄鹤楼相提并论，有武汉“两大楼”之说。重庆的“乐露春”、南京的“五味斋”、杭州的“大庆楼”、苏州的“丹凤楼”等徽菜馆在当地都赫赫有名。20世纪20年代，安徽人又把徽馆开到南洋等地，戏称“一根擀面杖打到苏门答腊”。各地徽馆业的兴旺与发达，推动了徽菜的进一步传播与发展，同时使徽菜成为徽商、徽文化的重要组成部分。[7]

从本性而言，徽州人是简朴持家的，不习惯玉馔珍馐。走出本土外出经营的徽商，随着财富的聚集，以致富可敌国，不少人在饮食上也逐渐“食不厌精，脍不厌细”起来，“侈饮食”是徽商奢侈生活的重要内容。这种对美食的追求，从主观上说是为了满足个人的口腹之欲和社交之需，在客观上却培养了一批技艺高超的徽菜厨师，促进了徽菜与其他菜系的交流。明清时期，徽商在扬州经营颇盛，扬州的徽馆也得到了快速普遍的发展，促使徽菜与淮扬菜的大交流，如“徽州园子”“徽酥饼”和“大刀切面”等传入扬州，时至今日仍盛名不衰。徽菜在全国各地的兴起和繁荣，促进了徽菜同各地菜系的交流，这种交流不仅使徽菜品种更多，烹调方法更精，口味更丰富，更重要的是促进了徽菜的创新与发展，扩大了徽菜的知名度和影响力，促进了徽菜烹调方法的改进，为徽州菜肴的发展起到了推波助澜的作用。在我国著名的食谱，如袁枚著的《随园食单》中，可以见到许多菜肴的烹调方法同徽州商人的名字联系在一起，有力地证明了徽商对徽菜的贡献，同时这些徽商也以美食家而名传后世。

（四）徽厨促进了徽菜的兴起

徽菜馆的兴起大约在清末年间，据说徽菜馆的始祖是上海小东门的大铺楼。清光绪十一年（公元1885年），以绩溪上庄村的胡善增为首集资开办，胡适的父亲胡铁花也参与这一菜馆的经营。大铺楼开张后生意兴隆，其名菜有“方块肉”“仔鸡”“蹄髈”“鳜鱼”“火龙锅”等，以红烧见长，并很快增开了“东大铺楼”和“南大铺楼”两家分店，名声大振，与此同时其他徽菜馆也在上海陆续涌现，最多时达130多家。曹聚仁在其《上海春秋》中说：“本来独霸上海吃食业，既不是北方馆，也不是苏锡馆子，更不是四川馆子，而是徽菜馆子，人们且看近百年笔记小说，就会明白长江流域的市场，包括苏、杭、扬、宁、汉、赣在内，茶叶、漆、典当都是徽州人天下，所谓徽州人识宝，因此，饮食买卖，也是徽馆独霸天下。”[8]

清代同治初年，伏岭村邵培军流落异乡，为谋生计，在苏州街头摆起了大饼油条摊，经营数年，积蓄渐多。同治十一年（公元1872年），他在苏州阊门内泰伯庙桥头，合股开设了添和馆。这是伏岭村人在苏州经营较早的一家徽菜馆，随后又有邵子曜、邵寿根、邵之望、邵灶家等人的丹凤楼、六宜楼、怡和园、畅乐园、添新楼相继在苏州开业。据《中国食品》文章，光绪二十三年（公元1897年），“各地饮食经营者来沪竞相开设菜馆”之初，绩溪邵修之等人发起在上海法大马路开设伏岭人经营的第一家徽菜馆——聚贤楼。光绪二十七年（公元1901年），邵家烈、邵之望等股东也将徽面、徽菜馆由苏州打入了上海市场，在大东门外和城隍庙口分别开设了张天福园和九华园，并在盆汤弄合股开办鼎丰园，至民国元年（公元1912年），已有邵运家的丹凤楼、邵家烈的鼎新楼、邵金生的复兴园、邵在渊的聚乐园、邵华瑞的聚和园、邵仲义的同义园和邵在雄、邵在湖的鸿运楼等十几爿徽面、酒、菜馆先后在上海滩开张。据《老上海》一书记载：“沪上菜馆，初唯有徽州、苏州，后乃有金陵、扬州、镇江诸馆，至于四川、福建等菜馆，始于光复之后。”而“最先进入上海的是安徽菜”。当时徽馆的生意十分兴隆，有三楼六间门面的老西门的丹凤楼，该店“七个筵席厅，一百二十几座席常常爆满，每天烹制徽面用的面粉就要十五六袋，并要用猪三四头，羊二三头，火腿七八只。夜间厨师为次日生意所做的准备工作，从打烊起一直忙到东方发白。店伙计晚上只能睡上两三个小时，为此，灶间里不得不常备一大壶西洋参汤供店伙饮用”（见《徽馆琐忆》）。一时间，鼎丰楼、大运楼、东南楼、都京楼、八仙楼、大中华、亦乐园、卡德酒家等数十家菜馆接踵问世。徽馆林立于沪，徽面徽菜也随之名震十里洋场。当时，在上海的徽馆最小的一家是邵华榴开设在万航渡路的一家春，两层楼房，两间门面，十几餐桌。最大的一家是唐闵荀于1920年从宁波人手里顶下开办于四马路（今福州路）的第一春菜馆。该馆有十六间门面，百余张餐桌，全套红木家具，清一色大理石台面，夜市筵席常有十几把胡琴唱堂会。每夜清理店堂，光电车票就能扫起一畚箕，为上海徽馆之冠（见《徽馆琐忆》）。20世纪20年代，是在沪旅外徽馆业鼎盛年代。据不完全统计，从第一家面馆打入沪上起，至新中国成立初年，伏岭村人在上海先后开的徽面徽菜馆就达70余家。村民自古崇尚神灵，善作于面食贡品，旅外谋生之初，大都是大饼油条摊开始，俗称“干巴面店”，后来，做绩溪水馅包、香椿榻果、汤面；在苏浙一带食俗影响下，开拓烹制徽面，以此作为常年经营的食品，每年又按不同季节、不同原料，经营不同面点，正月做徽州烧卖，八月半后做徽式汤包。当时，机面尚未问世，徽面全赖独特的技艺手工制作。1925年前后，“各地菜馆云集于沪，南北大菜应时迭出”（《老上海》），由于各帮菜系先后立足上海，烹饪竞争异常激烈，徽馆之间也出现了竞争高下“拼生意”的局面，为此，筵席酒水的经营项目应时而生。[8]

徽面馆店逐渐改称酒楼、酒菜馆，但仍兼营汤面。为争取顾客，多做生意，各大徽馆都有自己的“重头菜”。《中国食品》杂志曾载当时上海徽菜的一段史实：安徽菜既经营菜肴，亦经营汤面，拿手菜是“炒鳝背”“炒虾腰”“走油拆炖”“煨海参”等，烧得格外道地，曾闻名于沪。其著名菜馆是大中楼、其萃楼、大中国等，这三爿菜馆分别为伏岭村邵光年、邵三桂、邵三发等独资或合资经营。还有大富贵的“红烧划水”“沙地鲫鱼”“杨梅圆子”，大喜福的“清炒鳝糊”“鸳鸯冬菇”“菊花锅”，大中华的“红烧头尾”“腐乳炸肉”，三星楼的“红烧肚裆”“走油蹄”，鼎新楼的“三虾（虾脑、虾子、虾仁）徽面”等都曾饮誉沪上。“目前，上海菜还是以安徽菜为主体”（《上海特产风味指南》）。“公元1982年，日本朋友慕名至上海老徽馆大富贵品尝正宗徽菜，赞誉‘风味不减当年，果然名不虚传’。回国后将徽州名菜印成画册，广为宣传”（《中国八大菜系》）。武汉市的大中华店，素以烹制鱼肴而闻名遐迩，如今该店日常应市的鱼馔就达103种之多。[8]

徽商出于个人偏好和交际需要，无意间促成徽州饮食文化的传播，而专门从事饮食行业的徽商们在全国各地崛起，才真正促使了徽州菜系的兴盛。

二、徽州菜系的烹饪特点

徽州菜肴擅长烹制水产类原料和山珍野味。徽州名菜有“沙地马蹄鳖”“黄山炖鸽”“清蒸石鸡”“火烤鳜鱼”“双爆串飞”“炸麻酥”等。徽州菜肴擅长烧、炖、焖、煨等烹调方法，喜用冰糖提鲜，火腿佐味，制作成的菜肴各具特色，正如《随园食单》中所述的：“使一物各献一性，一碗各成一味。”不论哪种方法，都十分讲究运用火候，注意火功。

“烧”，以红烧最为见长，尤其是烧鱼别具一格。徽式烧鱼仅用少许油滑锅后，直接加调味品以旺火急烧五六分钟即成，它既不失鱼肉水分，又保持着鲜嫩，是久负盛名的佳肴。“炖”，也与众不同，如“青螺炖笋鞭”“石耳炖鸡”等，都是用陶器放在木炭炉上，微火炖两小时以上，汤汁清纯，味道醇厚。徽州菜肴蒸制的颇多，其特点是厚汁不耗、原味不失、香气不走，原锅上桌时，开盖香气扑鼻，观之行色未变，豁然盘中，食之透烂无渣，回味无穷。

徽州菜肴经徽商带出本埠后，徽菜大师在吸收了各大菜系特点后，徽菜馆就地取材，用传统的徽菜烹饪法创作新名目的徽菜，如武昌的鳊鱼很有名，开在武昌的大中华酒楼用鳊鱼清蒸制成的“武昌鱼”名噪长江南北。毛泽东主席当年畅游长江，吃的“武昌鱼”就是徽厨制作的佳肴。

徽州菜肴中有洋洋壮观的“凤炖牡丹”等大菜，也有“杨梅园子”等小菜，徽州菜肴总体来看，以大众菜肴为主，并不以豪华奢侈取胜。徽菜馆的特点是实惠，因此能赢得寻常百姓的青睐，在市民阶层中拥有大量顾客。

思考题

1. 安徽菜系包含哪些地方风味，分别有什么特点?
2. 安徽菜系的特点有哪些?
3. 徽州菜系的形成受哪些因素影响?
4. 徽州菜系对安徽菜系的形成有哪些影响?

模块二　家畜类原料名菜

安徽由平原、丘陵、山地构成，土地构成多样，特色的家畜有金寨黑毛猪、岳西黑猪、绩溪黑猪、皖东黄牛、萧县白山羊、太和白山羊、黄淮山羊等。国家安庆六白猪保种场、国家皖南黑猪保种场被列入第一批国家畜禽遗传资源保种场名单。

任务一　珍珠圆子

微课　珍珠圆子

一、菜肴介绍

珍珠圆子是一道以糯米和猪肉为主的菜肴，烹饪技法采取蒸制，属于咸鲜味型。此菜多以小蒸笼上席，传统的蒸笼一般直径17厘米左右，小巧精致，俗称“垛笼”。做珍珠圆子，最好用肥瘦三七开的肉做馅料，太瘦不够滑润，太肥则口感油腻。因糯米含有蛋白质、脂肪、糖类、钙、磷、铁、维生素B_1、维生素B_2、烟酸及淀粉等营养物质，为温补强壮食品，所以菜肴有助于贫血调理、健脾开胃。要注意肥猪肉中胆固醇、脂肪含量都很高，故不宜多食，而肥胖人群及血脂较高者不宜食用。此菜肴考验蒸制火候的把控，菜品形似珍珠，口感软糯适中，滋味鲜美可口。

二、制作原料

主配料：猪肉（三成肥七成瘦）450克，糯米200克，鸡蛋2个。

调辅料：精盐3克，味精2克，白糖3克，湿淀粉10克，香葱末10克，姜末10克，料酒10克，高汤50克。

三、工艺流程

主辅料洗净切配→猪肉剁蓉→调味搅拌→成型→上笼蒸制→装盘成菜。

四、制作过程

1. 糯米经水浸泡松软后淘洗干净，沥干水分待用。

2. 猪肉剁蓉加入精盐、味精、料酒、香葱末、姜末、鸡蛋搅拌均匀，挤成丸子状沾滚上糯米，放盘中摆好，打上保鲜膜。

3. 丸子生坯上笼蒸8～10分钟，取出重新装盘，锅中放高汤，勾米汤芡，将芡汁浇在丸子上即成。

五、操作要点

1. 糯米一定要浸泡到没有硬米心，以防止菜肴成熟后米粒夹生。
2. 根据火力控制好蒸制的时间。

六、重点过程图解

图2—1—1　调味拌馅

图2—1—2　包裹糯米

图2—1—3　锅留底油

图2—1—4　做好的圆子

图2—1—5　浇汁

图2—1—6　装盘成型

七、感官要求

表2—1—1　珍珠圆子菜肴成品感官要求

项目	要求
色泽	外层糯米晶莹洁白、油亮发光
气味	具有一种纯正、持久、特殊的香味
味道	咸鲜味美
质地	质地细腻、口感滑嫩、醇厚入味
形态	糯米粒粒竖起，如颗颗珠圆玉润的珍珠一般

八、营养分析

表2—1—2　珍珠圆子主要原料营养分析

营养分析	猪肉	含有丰富的蛋白质及脂肪、碳水化合物、钙、磷、铁等成分，可提供血红素（有机铁）和促进铁吸收的半胱氨酸，能改善缺铁性贫血
	糯米	脂肪、糖类、钙、磷、铁、维生素B_1、维生素B_2、烟酸
	鸡蛋	含有丰富的蛋白质，含多种重要的矿物质（铁、钾、钠、镁），含丰富的维生素A、维生素B_2、维生素B_6等

知识链接

制做球形食材的方法

将原料加工成圆形球体，可由多种方法制成。常用的一种方法是在粒、末、茸泥的基础上用手挤捏而成。如肉丸、鱼丸等。此法有一定的难度，要经过练习才能掌握其技巧。另一种是用切的方法将原料加工成粗段，再切成大方丁，最后削成球，如萝卜球等。还有动物性原料经刀工加工后，再经过热处理成球形，如虾球等，与花刀的处理方法类似。脆性原料制球，也有用模具加工的，如冬瓜球等。用模具加工不仅速度快，而且球的大小一致，表面光滑，缺点是原料损耗较多。

拓展阅读

与人合作能力

所谓与人合作能力，是指根据工作活动的需要，协商合作目标，相互配合工作，并调整合作方式，不断改善合作关系的能力。它是从所有职业活动的工作能力中抽象出来的，具备普遍适应性和可迁移性的一种核心能力，是从事各种职业必备的社会能力。

现代职业生活中，所有的人，只要做事，就要与人合作。在当今社会里，一个完全孤独的人，几乎什么事情也做不成。在公司、学校、党政机关、研究单位等职业环境中，无论是求职、营销、教学、演出，还是设计、制造、管理，都要与人合作。与人合作能力的强弱，是影响职业发展的决定性因素之一。

社会需要愿意合作的员工，可是，有些人不善于合作，不仅是性格上的缺陷、意识上的误区，更多的是方式方法问题。其实，很多人很想与他人合作，但是不知怎么样去与他人相处。如何表达合作愿望，如何制订合作计划，如何完成合作任务，如何缓解矛盾冲突，如何分享合作成果等，一系列的难题摆在年轻一代职业人的面前。

任务二　红烧鹅颈

微课　红烧鹅颈

一、菜肴介绍

红烧鹅颈是一道以猪肉、豆腐衣为主料的菜肴，烹饪技法以烧制为主，属于咸鲜味型。将馅料裹紧在豆腐衣中，用蛋清封口炸制，再进行烧制。豆腐皮是中国传统豆制品，是用豆类做的一种食品。豆腐皮性平味甘，有清热润肺、止咳消痰、养胃、解毒、止汗等功效。豆腐皮营养丰富，蛋白质、氨基酸含量高，还有铁、钙、钼等人体所必需的矿物质。豆腐皮还有易消化、吸收快的优点。此菜肴考验油温的掌控，菜品味鲜肉嫩，豆腐衣微韧耐嚼。

二、制作原料

主配料：猪瘦肉150克，猪肥膘肉50克，豆腐40克，豆腐衣3张，水发香菇25克，净笋25克，鸡蛋1个。

调辅料：酱油10克，精盐3克，白糖5克，湿淀粉15克，味精2克，小葱末5克，姜末5克，鸡汤200克，调和油500克（实耗75克）。

三、工艺流程

主辅料洗净切配→调味搅拌→肉馅铺卷→入锅炸制→旺火烧制→勾芡、改刀→装盘成菜。

四、制作过程

1. 将猪瘦肉、肥膘肉剁成泥状，豆腐塌成泥，一起放碗内，加精盐、姜末和白糖各2.5克，另加味精、干淀粉少许拌匀成肉馅。笋焯水后切成薄片，香菇除蒂洗净。

2. 豆腐衣用水浸湿回软，去边筋，铺在案板上，将肉拌匀后将其铺放在豆腐衣上，卷成比香肠稍粗的卷，用蛋清封口，弯成半圆形制成“鹅颈”生坯；炒锅置中火上，放入色拉油，烧至五成油温，放“鹅颈”生坯炸成金黄色。

3. 原锅移旺火上，一边放入“鹅颈”，另一边放笋、香菇，加入鸡汤和精盐1克，酱油少许，盖上锅盖，烧约8分钟，放味精。将“鹅颈”取出改刀，原汤用湿淀粉调稀勾芡，淋入明油10克，浇在“鹅颈”上即可。

五、操作要点

1. 豆腐衣卷肉时两头要衔接上，不能破散。

2. 油温要五成，生坯不能炸至焦煳。

六、重点过程图解

图2—2—1　五花肉去皮、剁蓉

图2—2—2　豆腐压成泥

图2—2—3　豆腐和肉混合比例为2∶1

图2—2—4　豆腐皮去硬边

图2—2—5　制作“鹅颈”

图2—2—6　沾淀粉炸制

图2—2—7　装盘成型

七、感官要求

表2—2—1　红烧鹅颈菜肴成品感官要求

项目	要求
色泽	色泽红亮油润
气味	具有一种纯正鲜香味
味道	咸鲜味美、香鲜透骨
质地	质地细腻、口感滑嫩
形态	盛器的规格形式和色调与菜点配合协调

八、营养分析

表2—2—1　红烧鹅颈菜肴主要原料营养分析

营养分析	猪肉	含有丰富的蛋白质及脂肪、碳水化合物、钙、磷、铁等成分，可提供血红素（有机铁）和促进铁吸收的半胱氨酸，能改善缺铁性贫血
	豆腐	蛋白质、氨基酸含量高，还有铁、钙、钼等人体所必需的矿物质
	香菇	为高蛋白、低脂肪食材，含有多种维生素、矿物质及香菇多糖等独特营养成分
	笋	富含膳食纤维、多种维生素（如维生素 B_1、维生素 B_2）及矿物质（如钾、钙、镁）等

知识链接

炒糖色

糖色是烹制菜肴的红色着色剂，常用于烧、酱、卤等菜肴的制作，糖色能使菜肴色泽红润明亮、香甜味美。

炒糖色共有3种方法，一是油炒，二是水炒，三是水油混合炒。油炒的优点是熬糖速度快，缺点是新手不易掌握。水炒的优点是容易把控颜色，缺点是熬糖速度慢。水油混合炒的比例是2份糖、1份水、少量的油，优点是既有油加快导热速度，又有水控制导热速度，比油炒慢一些，比水炒快一些，更适合普通的家庭操作。

油炒法举例：向炒锅中加入25毫升油和250克白砂糖或冰糖，用中火加热并不断搅拌至糖融化，调成小火继续熬煮，糖汁会出现冒泡的现象，先从小泡变为大泡再逐渐平复，在糖汁颜色变为深褐色并且大泡开始消失的时候加入200毫升开水，搅拌均匀即成糖色。

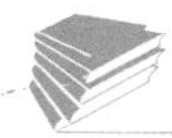

拓展阅读

职业核心能力

职业核心能力是人们职业生涯中除岗位专业能力之外的基本能力，它适用于各种职业，适应岗位的不断变换，是伴随人终生的可持续发展能力。德国、澳大利亚、新加坡称之为“关键能力”，美国称之为“基本能力”，在全美测评协会的技能测试体系中被称为“软技能”，香港称之为“基础技能”“共同能力”，等等。

职业核心能力可分为职业方法能力和职业社会能力两大类。职业方法能力是指主要基于个人的，一般有具体和明确的方式、手段的能力。它主要指独立学习，获取新知识、新技能和处理信息的能力。职业方法能力是劳动者的基本发展能力，是在职业生涯中不断获取新的知识、信息、技能和掌握新方法的重要手段。职业方法能力包括“自我学习”“信息处理”“数字应用”等能力。职业社会能力是指与他人交往、合作、共同生活和工作的能力。

职业社会能力既是基本生存能力，又是基本发展能力，它是劳动者在职业活动中，特别是在一个开放的社会中必须具备的基本素质。职业社会能力包括“与人交流”“与人合作”“解决问题”“革新创新”“外语应用”等能力。

任务二　笋干烧肉

微课　笋干烧肉

一、菜肴介绍

笋干烧肉是徽州传统地方名菜，有“徽商笋焖肉”的别称。据说胡雪岩13岁时，由老家绩溪赴杭州学做生意，胡母在头天夜里赶制一菜筒的猪肉烧苗竹笋，让他在旅途中吃。后来，胡雪岩每次于杭城返回家中时，母亲必做此菜。因绩溪到杭州有四五天的步行路程，有时天气暖和，鲜笋易馊。为此，母亲将鲜苗笋烘干，用其烧腊肉做菜，这样可使其在路上多吃些日子。每每如此，母亲的爱意胡雪岩一直铭记心中。

清咸丰年间，胡雪岩结识了浙江巡抚左宗棠。某日，他宴请左，特命厨子做了这道笋焖肉。席间，胡与左聊起学做生意时母亲为他做路菜的情景，左听了十分感动，说：“由此看来，这道看似普通，却浸透一位慈母的悠悠爱子之心的路菜，该有个好名字呀，此菜称‘徽商笋焖肉’如何？你们徽州商人既讲信义，又特别恪守孝道，此名蕴意不更深吗？”雪岩连呼：“好名！好名！”从此，“徽商笋焖肉”便成了胡家的看家菜。

绩溪山区遍地是竹，其中苗竹笋最为脆嫩。旧时，民间皆养黑毛猪，具有皮薄，肌纤维数多、纤维直径细的特点。这种猪长到五六十斤即要宰杀，瘦肉率达40%，肉质嫩、口感好。以其五花肉与鲜苗笋同焖，色酱红、肉酥、笋香脆，不失为一道鲜美的菜肴。

二、制作原料

主配料：五花肉750克，笋干1000克。

调辅料：味精1克，猪油（炼制）120克，酱油100克，白砂糖2克，料酒30克。

三、工艺流程

主辅料洗净切配→旺火烧制→调味上色→笋干炸制、入锅烧制→装盘成菜。

四、制作过程

1．将五花肉切至2.4厘米方小块。

2．笋干泡发，切成块状。

3．将肉块放入开水锅内，当水再滚沸时捞起洗净。

4．将熟猪油50克下锅，放置旺火上，烧至六成热时，放入烫好的猪五花肉煸炒，加入酱油、料酒、白糖，再次翻炒。

5．炒至上色时，倒入鲜汤150毫升，移到微火上，盖上锅盖焖到六成熟。

6．将锅中入油50克，置旺火上，烧至六成热时，下笋块炸至上色，捞起，放入肉锅继续烧制，八成烂时加味精少许即可装盘。

五、操作要点

1．笋干要泡发到位，宜用微火焖烧。

2．因有过油炸制过程，需准备熟猪油500克。

六、重点过程图解

图2—3—1　五花肉剁末

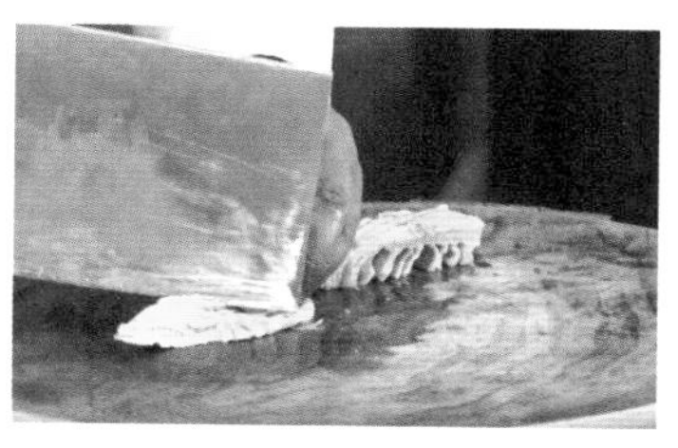

图2—3—2　冬笋切斜刀块

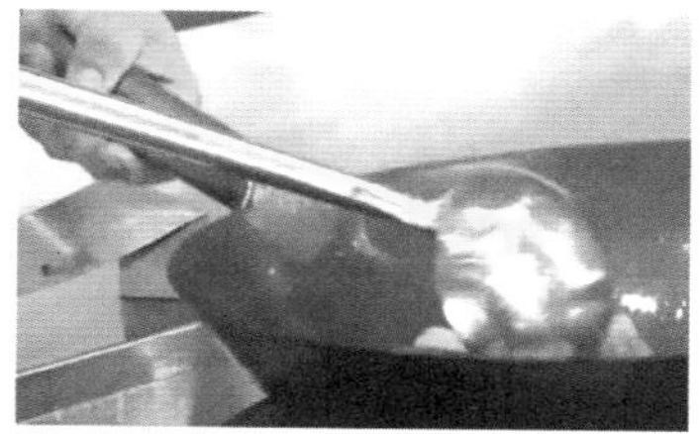

图2—3—3　五花肉炒焦黄时加入姜蒜

图2—3—4　加入高汤没过食材

图2—3—5　调味并勾芡

图2—3—6　装盘成型

七、感官要求

表2—3—1　笋干烧肉菜肴成品感官要求

项目	要求
色泽	肉料色泽酱红
气味	具有猪肉和笋干特有的香味
味道	咸鲜微甜，香鲜透骨
质地	肉质酥烂、醇厚入味、肥而不腻、入口即化，笋脆嫩
形态	笋干与肉堆摆成馒头型；盛器的规格形式和色调与菜点配合协调

八、营养分析

表2—3—2　笋干烧肉菜肴主要原料营养分析

营养分析	猪肉	含有丰富的蛋白质及脂肪、碳水化合物、钙、磷、铁等成分，可提供血红素（有机铁）和促进铁吸收的半胱氨酸，能改善缺铁性贫血
	笋	富含膳食纤维、多种维生素（如维生素 B_1、维生素 B_2）及矿物质（如钾、钙、镁）等

知识链接

常见烧法

常见的烧法有红烧、干烧、软烧，其区别如表2—3—3所示。

表2—3—3　各种烧法的对比

种类	定义	工艺流程	特点
红烧	将加工切配的原料经过初步熟处理下入锅内，加入有色调料、适量汤水，用旺火烧开后，改用中小火加热至原料酥软、入味后，用旺火收浓汤汁，勾芡成菜的烧法	选料→切配→预制处理→入锅加汤调味→勾芡成浓汁→装盘	色泽红亮、味鲜汁香、软嫩适口
干烧	将初步熟处理的原料和适量的汤水、调料用中小火进行加热，至原料软嫩入味后，用旺火收干味汁成菜的烧法。菜肴因食后盘内无汁，故名干烧	选料→切配→预制处理→入锅加汤调味→烧制→收干味汁→装盘	口味以鲜咸香辣为多，香浓醇厚、亮油少汁、质感多样、味型丰富
软烧	将质地软嫩的原料经过滑、煎、炸或焯烫等初步熟处理后，放入锅内，加入调料和适量汤水，用旺火烧开后，改用中小火加热较长时间，烧透入味成菜的烧法。因菜肴质感以软嫩、软糯为主，故名软烧	选料→切配→预制处理→入锅加汤调味→烧制→收干味汁→装盘	质感软嫩或软糯，鲜香入味、软而不碎、烂而不糊、香味浓郁、汁稠醇厚

拓展阅读

数字应用能力

所谓数字应用能力，是指根据实际工作任务的需要，具有对数字进行采集，整理与阅读，对其进行计算与分析，并在此基础上从解决问题的多种方案中进行选择和给出一定评价的能力。

数字应用能力正在影响我们的生活和工作的效率、效益。例如，我们准备贷款买房子，一定关心每月还贷多少才不至于使自己有太大的压力，或者说不会对自己现在的生活质量产生太大的影响，一般还款金额超过家庭总收入的三分之一就会对生活产生较大的影响。又如存款的利率，或者外汇兑换率等数字的解读、计算、分析与利用，对于个人和企业来说，都直接关系到创益获利。再如，在生产管理或创业过程中的成本控制、产品定价、效益分析等等，都需要具备一定的数字应用能力。这些生活中最常见的数字问题，如果能掌握并运用好，可以大大提高和改善我们的生活质量。

任务四　徽式酱排

一、菜肴介绍

徽式酱排是一道以排骨为主料的菜肴，烹饪技法以炸、酱烧为主，属于咸鲜甜辣复合味型。将排骨炸至表面金黄，再进行调味烧制。排骨中含有蛋白质、脂肪、维生素等营养成分，以及磷、镁、钙等矿物质，有滋阴壮阳、益精补血的功效，并有促进幼儿的骨骼发育、预防老年人骨质疏松的功效。排骨还含有铁元素，有改善缺铁性贫血的功效。还有补中益气的功效，适合肾虚体弱、产后血虚、便秘的患者食用。此菜肴考验油温和火候的掌握，应使菜品色泽酱红，酱香可口，排骨熟烂。

二、制作原料

主配料：排骨750克。

调辅料：辣椒酱20克，海鲜酱30克，排骨酱15克，白胡椒粒3克，花雕酒50克，蚝油20克，美极鲜15克，酱油10克，小葱50克，干辣椒10克，生姜50克，红曲粉10克，八角3克，冰糖35克。

微课　徽式酱排

三、工艺流程

主辅料洗净切配→炸制金黄→入锅炒制→调味烧制→装盘成菜。

四、制作过程

1. 排骨斩10厘米大块，放入五成热的油温中炸至表面金黄，备用。

2. 炒锅滑油，放姜、葱，辣椒酱、八角、海鲜酱、排骨酱炒香。放冰糖、白胡椒粒少许加水烧开，红曲粉调色，下排骨、花雕酒、蚝油、美极鲜、酱油调味，烧开换小火，烧60分钟。

五、操作要点

1. 排骨炸上色。
2. 注意各种酱汁的比例。
3. 小火收汁。

六、重点过程图解

图2—4—1　排骨斩块

图2—4—2　排骨过油

图2—4—3　炸好的排骨控油

图2—4—4　辅料炒香

图2—4—5 小火慢炖

图2—4—6 装盘成型

七、感官要求

表2—4—1 徽式酱排菜肴成品感官要求

项目	要求
色泽	排骨色泽酱红
气味	具有浓郁的酱香味和排骨特殊的肉香味
味道	酱香可口，咸鲜味美，甜辣适中
质地	排骨熟烂，不腥不柴，肉质醇厚入味
形态	排骨长度一致均匀，盛器的规格形式和色调与菜点配合协调

八、营养分析

表2—4—2 猪排骨的营养分析

营养分析	猪排骨	含有丰富的蛋白质及脂肪、碳水化合物、钙、磷、铁等成分，可提供血红素（有机铁）和促进铁吸收的半胱氨酸，能改善缺铁性贫血

知识链接

烹饪排骨小秘诀

排骨营养丰富，含有大量优质蛋白质、磷酸钙、骨胶原，口感鲜嫩，很受人们喜爱。在烹饪排骨时，使用两个小秘诀，做出的排骨不腥不柴。

第一个小秘诀：浸泡。排骨中的血水有一定的腥味，处理不好会影响菜肴色泽。除焯水外，我们可以在清水中加入适量的盐，将其搅拌至溶化之后，把排骨放进去浸泡15分钟，先用手搅动，再用清水重复清洗几遍就能有效去除排骨中的血水了。

第二个小秘诀：腌制。在排骨里面加点食盐、葱、姜和料酒，用手搅拌均匀，到排骨表面产生黏糊感即可。这样腌制后的排骨不但入味，而且能大大改善口感，做出的排骨不腥不柴。

拓展阅读

餐厅厨房防火9招

宾馆和饭店的餐厅与厨房，都存在一定的火灾隐患。餐厅内装有很多装饰灯，布线都在屋顶上，又同厨房相邻，容易发生火灾。厨房内备有冷冻机、绞肉机、切菜机、烤箱等多种机电设备，若雾气大，电器设备容易受潮，使绝缘体老化，则易发生漏电、短路起火等事故。厨房用火最多，在盛装易燃气体的钢瓶和煤气管道漏气时，或油炸食品不小心时，也容易发生火灾。因此餐厅、厨房要加强防火意识。

秋冬季节是火灾的高发期，餐饮企业可以从以下几方面入手，杜绝火灾隐患。

1. 餐厅内不得乱拉临时电气线路，如需增添照明设备以及彩灯一类的装饰灯具，应按规定安装。

2. 如果装饰灯具的饰件由可燃材料制成，其灯泡的功率不得超过60瓦。

3. 餐厅应根据使用面积摆放餐桌，不得由于拥挤而堵塞必要的通道。

4. 对厨房内易燃气体的管道、接口、仪表、阀门必须定期进行检查，发现易燃气体跑漏现象，首先要关总阀门，及时通风，并严禁明火。

5. 楼层厨房不宜使用液化石油气，煤气管道应从室外单独引入，不得穿过客房或其他房间。

6. 厨房使用的绞肉机、切菜机等电气设备不得过载运行，并防止电气设备和线路受潮。

7. 油炸食品时，防止食油溢出，遇明火燃烧。

8. 工作结束后，操作人员应及时关闭厨房所有阀门，切断气源、火源和电源后方能离开。

9. 厨房内应设置适当的灭火器材，工作人员要会使用。

任务五　绩溪干锅炖

一、菜肴介绍

干锅炖是徽菜中古老的烹饪技法之一。其特点是烹制过程中滴水不加，全仗木炭余火将原料炖熟入味。菜品原汁原味，入口即化，尤显徽菜本色。

绩溪干锅炖是绩溪徽菜中的土菜，炖菜的器物与绩溪的自然资源、民风习俗有着密切关系。绩溪地处山区，多林木，每年秋季，山民们有伐薪烧炭的习俗。新产的炭，一为烤火取暖之用，二为炖煮菜肴之用。民间烤火取暖最为常见的是一种竹制的圆形火熥，直径19.8～26.4厘米，精致的竹篮内置一铁皮圈成的盅，用以盛炭火，上坐铁丝编成的盖。聪明的绩溪人将这一烤火器具用来烹制食品，拓展了火熥的使用功能，实在是一大创新。

绩溪干锅炖的产生要归功于绩溪的村妇。时值冬春，麦子还未分蘖，村妇们最忙的农活就是锄草。为使中午能吃到热乎乎的红烧肉，在出工前，她们将黑皮猪五花肉切块放入砂锅中，放入姜蒜、黄酒、酱油调味，将砂锅坐于火熥盖上，拎挎上覆以一块湿毛巾，利用炭火灰烬长时间炖焐，使菜肴本身的天然味道完全释放。待中午收工回家，一锅香味四溢、浓油赤酱的绩溪干锅炖便熟了。绩溪干锅炖味道鲜美，猪肉肥而不腻，醇浓可口，真乃“开锅十里香，全村爱炖味。徽馔始民间，干锅亦流芳”。

绩溪干锅炖是典型的火功菜。在日常烹制中，当然不一定要用火煸炖制，无论何种火炉，只要以文火慢炖即可。

二、制作原料

主配料：猪五花肉500克。

调辅料：生姜15克，香葱15克，料酒60毫升，老抽10克，精盐2克，冰糖30克，八角3克，鸡精3克，色拉油30克。

三、工艺流程

五花肉改刀→煸炒→添加调辅料→旺火烹煮→装盘小火炖制。

四、制作过程

1. 五花肉改刀成长方体。
2. 五花肉煸炒至表面金黄，加入生姜、八角、葱结、冰糖，加入老抽。
3. 烹入料酒，大火烧开，改小火，盖锅盖焖制30分钟。
4. 收汁，装盘后用小火炉炖制。

五、操作要点

底料烧透入味，小火炖制酥烂。

六、重点过程图解

图2—5—1　调辅料准备

图2—5—2　五花肉改刀

图2—5—3　五花肉煸炒

图2—5—4　加入老抽调色

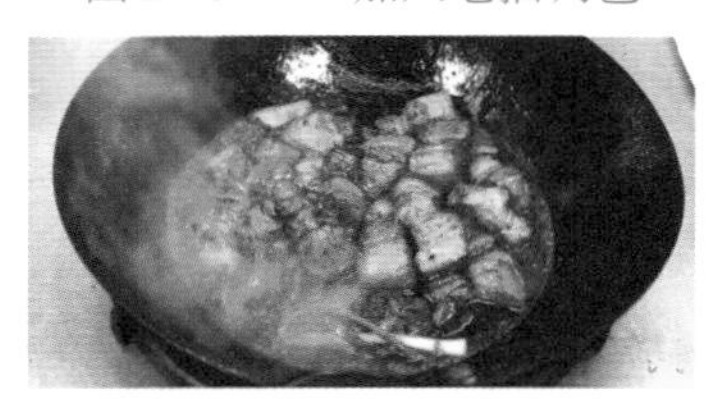

图2—5—5　大火烹煮

图2—5—6　装盘小火炖制

七、感官要求

表2—5—1　绩溪干锅钝菜肴成品感官要求

项目	要求
色泽	猪肉色泽鲜艳
气味	具有浓烈肉香味、干香味浓郁
味道	肉味纯正，咸鲜适中，本味浓郁
质地	猪肉肥而不腻，不腥不柴
形态	块形完整均匀，盛器的规格形式和色调与菜点配合协调

八、营养分析

表2—5—2　绩溪干锅炖营养分析

营养分析	猪肉	含有丰富的蛋白质及脂肪、碳水化合物、钙、磷、铁等成分，可提供血红素（有机铁）和促进铁吸收的半胱氨酸，能改善缺铁性贫血

知识链接

少着水慢着火，火候足时味自美

东坡肉开始是苏东坡在黄州制作的，那时他曾将烧肉之法写在《食猪肉》一诗中："黄州好猪肉，价贱如粪土，富者不肯吃，贫者不解煮。慢着火，少着水，火候足时它自美。每日早来打一碗，饱得自家君莫管。"但此菜当时并无名称，以其名字命名为"东坡肉"是在他到杭州做太守的时候。

宋神宗熙宁十年（公元1077年），河堤决口，七十余日大水未退。苏轼亲率全城吏民抗洪，终于战胜洪水，并于次年修筑"苏堤"。百姓感谢苏东坡为民造福，纷纷杀猪宰羊，担酒携菜送至州府感谢苏公。苏公推辞不掉，收到许多猪肉后，便让家人将肉切成方块，加调味和酒，用他的烹调方法煨制成红烧肉，分送给参加疏浚西湖的民工，大家吃后，称赞此肉酥香味美、肥而不腻，于是人们便以他的名字将此烧肉命名为"东坡肉"。后来此菜流传开来，并成为中外闻名的传统佳肴，一直盛名不衰。

如今，在杭州制作东坡肉，金华的两头乌是原料的不二之选，待饲养一年之后，两头乌成长至75～90千克，此时肉质鲜嫩、肥瘦厚度适当。取其肉肋条上的五花肉，每块肉被严苛地控制在75克左右，每块东坡肉的尺寸为长4厘米、宽4厘米、厚3厘米。配料方面，绍兴黄酒和优质酱油是标配。将挑选好的肉块放入锅中，先用大火烧开10～15分钟，之后再用小火慢烧，加热两个半小时，待汤汁初浓、肉质达到九成熟后，用桃花纸包裹将其放入小砂锅。去除原汤上的肥油，将汤汁浇在肉块上，蒸两小时之后，酥嫩的东坡肉便跃然碗中了。

"慢着火、少着水，柴火罨烟焰不起，待它自熟莫催它，火候足时它自美。"即使已经传承了上千年，古法烧制依然被严苛地执行着。

拓展阅读

诚心诚信，说到做到

胡好梦（江苏盐城燕舞大酒店餐饮总监，中国烹饪协会会员，国家特级烹调师）

关于“诚信”我认为是一个比较复杂的话题。作为餐饮行业第一线的我们这些厨师来讲，“诚信”二字很重要。对厨师个人来说，更要用“诚信”要求自己，譬如说关于绿色厨艺大使“拒烹珍稀动植物”的宣誓签名活动，在执行的过程中其实就是在体现一个厨师的诚信度问题。我们明白了保护珍稀动植物的意义，也宣誓了，在现实中就要将“拒烹”誓言放在心上，“言必行，行必果”，才是诚信。在同事之间，则要“相互诚信”，以诚心换诚心。

任务⑪ 徽州刀板香

一、菜肴介绍

古徽州，崇山峻岭，方圆广阔，但交通不便，农户人家依靠山区的丰富资源维持生活，到了腊月几乎家家户户都杀猪过年，把猪肉腌制起来，放到次年再慢慢食用。

相传，明万历十二年（公元1584年），进士、太子太保、武英殿大学士许国为官京城，这位对家乡有着深厚感情，对徽州土菜情有独钟的歙县籍人，府中厨房里的香菇、干笋、石耳、干蕨菜、腊肉等徽州土特产品常备不断。一天，许国设宴于府中，邀请几位老乡同酌共饮。宴席上，厨子别出心裁地用五花腊肉与玉兰片（一种上好的干冬笋片）共炖后，将肉、笋切成片，一片肉、一片笋间隔着码于盘中，端上桌来。只见此菜白色的玉兰片与红色的腊肉片色彩对比明快，香味四溢。宾客们见此色闻此香一个个赞不绝口。其中一位客人夹着此菜，用鼻子仔细地闻了又闻，说道：“此菜名为腊肉玉兰片，其实这款菜不单有腊肉之醇香，还有一股特殊的清香哩，不信再闻闻看。”众客一个个吸着鼻子闻了闻，都说：“对！对！这腊肉确实有股特别的香味。”这时，许国沾沾自喜地开口了：“舍下这厨子，是从徽州老家请过来的，其烹饪技艺，自然有独到之处哩！”于是，他唤厨子出来介绍此菜的技法及这道菜的清香是怎么做出来的。厨子有些纳闷，菜除了腊肉之香，自己并未添加过任何香料呀。他端起此菜闻闻，笑着对众客说：“不瞒各位官人说，厨下才买了块皂角树的刀板，今天的腊肉玉兰片就是在新刀板上切的，莫非沾了皂角之香呀！”众客才恍然大悟。许国说：“此菜之香乃刀板香也！”后来，许国回徽州省亲，又命厨子做了这道菜款待亲朋。

刀板香传到徽州，后来便称徽州刀板香了，此后也用五花腊肉作为原料直接蒸制后称刀板香。

二、制作原料

主配料：猪五花腊肉200克。

调辅料：小青菜50克。

三、工艺流程

猪五花腊肉洗净→腊肉切割→蒸制→装盘定型。

四、制作过程

1. 猪五花腊肉用温水清洗2~3分钟，洗去表面盐分。
2. 捞出腊肉切成厚0.5厘米、长15厘米的片。
3. 将腊肉整齐地码放在刀板上，上笼旺火蒸10分钟。
4. 装盘时用小青菜围边。

五、操作要点

腊肉切分注意厚度的均匀性。

六、重点过程图解

图2—6—1　猪五花腊肉洗净

图2—6—2　猪五花腊肉改刀

图2—6—3　刀板香放置木板上

图2—6—4　蒸制

图2—6—5　蒸制后摆盘成型

七、感官要求

表2—6—1　刀板香菜肴成品感官要求

项目	要求
色泽	腊肉片红白相间
气味	具有腊肉的特殊香味和刀板的木头香味
味道	腊肉咸鲜味突出
质地	肉质润爽，稍有弹性
形态	外形整齐、自然；盛器的规格形式和色调与菜点配合协调

八、营养分析

表2—6—2　刀板香主要原料营养分析

营养分析	猪五花腊肉	含有丰富的蛋白质、脂肪、碳水化合物、钙、磷、铁、钾、钠等成分
	小青菜	含有蛋白质、脂肪、糖类、粗纤维以及钙、磷、铁等多种矿物质和维生素

知识链接

横牛顺鱼斜切猪

肉纤维的粗细及伸缩性决定原料加热后的老韧程度。牛肉纤维比猪肉、鱼肉的纤维粗，加上牛肉纤维的伸缩性在常食肉类之中属最强，因此，牛肉是最韧的畜肉之一。在烹调时，人们常常利用腌制的方法去改善牛肉的质地，利用火候去控制牛肉的成熟程度，以达到嫩滑的效果。即便如此，纤维的伸缩性仍然会使咀嚼变得困难。所以，切牛肉就应顺纹路横切，尽可能地将纤维的长度控制好，纤维短，自然容易咀嚼。对于鱼肉来说，其肉质纤维非常细嫩而且伸缩性小，无论是顺切，还是横切，甚至斜切，都对其质感的影响不大。但鱼肉里边有鱼刺，食用时容易卡人喉咙，为了避免这种情况发生，在切鱼片时就要横纹切，这样就可以将骨刺的长度控制好。猪肉较牛肉嫩，又较鱼肉韧。为了让猪肉嫩、爽的层次能够呈现出来，切肉片时最好是顺着纹路斜刀切。这样肉片就可以得到既嫩又爽的效果，而且避免过于松散。要强调的是，肉丝规格较小时，为了烹调时保持形状完整，避免散碎，切肉丝时要顺着纹路切，这要区别对待。

拓展阅读

爱岗敬业意识

爱岗敬业包含三个方面。一、爱岗敬业即热爱烹饪事业。是厨师职业道德的灵魂。厨师职业感的高低，是决定工作成败的首要因素。只有热爱厨师事业的人，才能为自己所从事的工作感到自豪，才能搞好烹饪工作。二、爱岗敬业包含吃苦。厨师工作本身是一种艰苦、繁重的创造性体力劳动，这就要求厨师有吃苦耐劳的精神。三、爱岗敬业意味奉献。未来社会是相互奉献的文明社会，对从事烹饪工作的厨师来说，强化奉献意识尤为重要，即树立全心全意为人民服务的精神，奉献出高超的技艺、优质的菜点。

任务七　糖醋里脊

一、菜肴介绍

糖醋里脊是经典汉族名菜之一。在浙江菜、鲁菜、川菜、粤菜和淮扬菜里都有此菜，徽厨们将此菜结合当地人的饮食喜好，创新出了风味独特的徽菜糖醋里脊。

二、制作原料

主配料：里脊肉300克，番茄沙司100克，草莓2个，鲜橙1个，鸡蛋2个。

调辅料：面粉，生粉，鹰栗粉混合，取500克，金钱草2朵，绵白糖30克，盐5克，姜3克，黄酒10克。

三、工艺流程

主辅料切配→腌制底味→热油炸制→调味翻炒→勾芡裹匀→装盘成菜。

四、制作过程

1．里脊肉切成长3厘米、宽0.3厘米的片，腌制咸底味，裹脆炸糊入四成热油温中，浸炸后油温升到六成复炸至酥。

2．锅内留底油下入番茄沙司50克，白糖45克，白醋30克，翻炒均匀和勾薄芡，下入炸好的里脊肉翻裹均匀，出锅装盘。

五、操作要点

1．炸制时油温控制，二次炸制。

2．糖醋比例调和适当。

六、重点过程图解

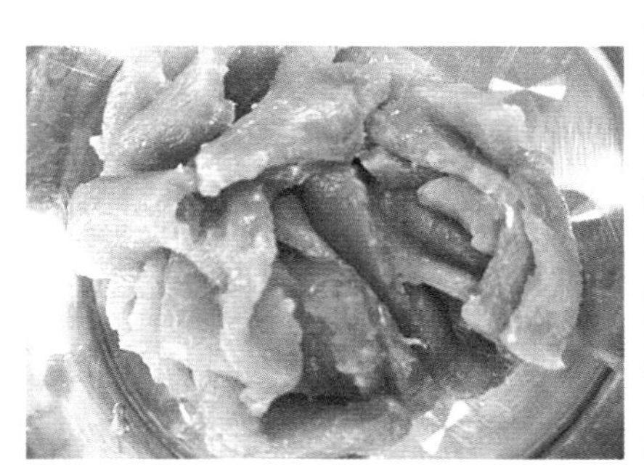

图2—7—1　里脊肉切片

图2—7—2　里脊肉腌制

图2—7—3　裹糊油炸

图2—7—4　加番茄沙司

图2—7—5　下肉翻炒

图2—7—6　装盘成型

七、感官要求

表2—7—1　糖醋里脊成品感官要求

项目	要求
色泽	色泽均匀红亮
气味	香味、酸味扑鼻、浓郁
味道	酸甜适中，无肉腥味
质地	肉质鲜嫩无腥味，芡汁浓稠度适中
形态	里脊肉均呈长条形，条形完整，大小均一，不破不碎

八、营养分析

表2—7—2　糖醋里脊主要原料营养分析

营养分析	猪肉	含有丰富的蛋白质及脂肪、碳水化合物、钙、磷、铁等成分，可提供血红素（有机铁）和促进铁吸收的半胱氨酸，能改善缺铁性贫血
	番茄	每100克番茄鲜果中含水分94克、蛋白质0.6～1.2克、糖类2.5～3.8克，以及维生素C、胡萝卜素和矿物质等
	鸡蛋	含有丰富的蛋白质，含多种重要的矿物质（铁、钾、钠、镁），含丰富的维生素A、维生素B_2、维生素B_6等

知识链接

常用酸甜汁的调制方法（一）

1. 糖醋汁

用料：白醋500克、片糖300克、番茄酱100克、山楂片30克、酸梅20克、喼汁30克、OK汁100克、精盐10克。

调制方法：将酸梅去核剁成蓉，山楂片捣碎，与其他原料入汤桶中熬煮30分钟即可。

2. 西汁

用料：洋葱300克、西芹300克、香菜50克、鲜香茅300克、干辣椒20克、八角5克、草果5个、胡萝卜500克、大骨500克、清水5000克、番茄汁1500克、片糖1000克、钵酒150克、喼汁200克、OK汁800克、精盐100克、味精150克、生抽150克。

调制方法：首先将洋葱、西芹、香菜、鲜香茅、干辣椒、八角、草果、胡萝卜、大骨放入清水中大火熬煮至3000克，然后调入番茄汁、片糖、钵酒、喼汁、OK汁、精盐、生抽再熬煮10分钟，加入味精即可。

3. 京都汁

用料：香醋2000克、大红浙醋500克、白糖900克、番茄酱250克、清水500克、精盐50克、味精50克。

制法：将上述原料放入汤桶中煮沸即可。

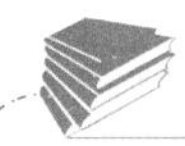

拓展阅读

绿色环保意识

21世纪是一个“绿色”的世纪，21世纪的主导食品是绿色食品。面临日益严重的环境和资源问题，世界各国在实施可持续性发展的战略承诺的基础上，采取实际行动，而食物的生产加工是采取行动的重要的领域。因此，每一位厨师都应该具有环保意识，增强环保法制观念，做到：不采购、烹制国家明令禁止的“保护动植物”和“珍稀动植物”；不采购、烹制受污染或运用催熟剂催熟的烹饪原料；不使用国家明令禁止的色素、防腐剂、品质改良剂等添加剂；加工过程做到科学合理、保护原料的营养成分不受损失或少受损失；选用无污染的燃料、绿色环保餐具等。

任务7　雪梨炖牛尾

一、菜肴介绍

雪梨炖牛尾是一道以牛尾和雪梨为主料的菜肴，烹饪技法以焖炖为主，属于咸鲜味菜肴。牛尾含有丰富的蛋白质、脂肪、烟酸、叶酸、多种维生素和钙、磷、铁等营养成分。梨是比较适合入菜的水果，一是煮熟后不会发酸，二是自身味道清淡、不抢味。秋梨和牛尾搭配，润燥滋补养颜。牛尾和梨煲得恰到好处，口感软糯，回味清甜，加倍滋润、加倍营养。海鲜酱与排骨酱带出淡淡的酱香味，原汁原味，鲜美无比，适合生长发育、术后、病后调养之人和中气下降、气短体虚、筋骨酸软、贫血久病及面黄目眩之人食用。

二、制作原料

主配料：鲜牛尾1条，黄果椒1个，鲜口蘑250克，洋葱1个，西芹2根，雪梨1个。

调辅料：白糖50克，海鲜酱20克，排骨酱20克，美极鲜50克，红曲粉20克，冰糖50

克，蚝油20克，生抽10克，鸡粉3克，花雕酒30克，辣鲜露20克，小葱50克，生姜100克，大蒜100克，红椒1个，盐5克，八角、桂皮、香叶、小茴、辣椒壳、白芷、豆蔻、草果、黑胡椒粒各5克。

三、工艺流程

主辅料洗净切配→炸制金黄→配料煸炒→高压焖制→装盘成菜。

四、制作过程

1．牛尾砍成宽3厘米的段，冲去血水，沸水后入五成油温中，炸至表面金黄备用。

2．鲜口蘑表面切十字花刀入五成油温中，炸至金黄色备用。

3．炒锅滑油下洋葱、生姜、西芹、蒜子，炒香后下香料小火煸炒，下炸好牛尾翻炒，下海鲜酱、排骨酱、蚝油、美极鲜、辣鲜露、生抽、酱油、红典粉、盐、鸡粉、味精、冰糖调色调味，烧开后放入高压锅内；高压锅内放洋葱、小葱、生姜、花雕酒、雪梨，同烧好的牛尾一起放在高压锅里上汽压制20分钟。

4．将压好的牛尾和雪梨挑出放在锅里加口蘑，中火收汁后装入煲内，上面放色拉油后用果椒点缀即可。

五、操作要点

1．牛尾冲血水后过水油炸至表面金黄。

2．注意甜度和牛尾成熟度。

六、重点过程图解

图2—8—1　香料煸香

图2—8—2　炸牛尾

图2—8—3　口蘑过油

图2—8—4　放入高压锅焖

图2—8—5　大火收汁

图2—8—6　装盘成型

七、感官要求

表2—8—1　雪梨炖牛尾菜肴成品感官要求

项目	要求
色泽	色泽金红明亮
气味	具有一种持久的鲜香味
味道	咸鲜味美，香鲜透骨
质地	口感滑嫩、肉质没有其他杂味，醇厚入味
形态	牛骨块均匀，汤汁收得恰到好处，盛器的规格形式和色调与菜点配合协调

八、营养分析

表2—8—2　雪梨炖牛尾菜肴主要原料营养分析

营养分析	牛尾	含有丰富的蛋白质、脂肪、烟酸、叶酸、多种维生素和钙、磷、铁等营养成分
	口蘑	含有丰富的蛋白质、碳水化合物，富含硒元素
	梨	含有多种维生素及钙、钾等元素，有清热、降血压、镇静和利尿作用，对高血压、耳鸣、心悸症状有一定的治疗功效

知识链接

腌牛肉技巧

牛肉相比其他肉类来说质地较老，往往需要借助一些特殊的添加剂使其达到细嫩的程度，小苏打便是腌牛肉时常用的一种添加剂。小苏打可以使牛肉中的粗纤维断裂，从而改善牛肉的质感。不过需要注意的是，小苏打使牛肉纤维断裂是需要时间的，也就是说要有一个过程。一般来说，牛肉腌好后在表面封一层清油放入冰箱冷藏两小时后用最好；如果放入冰箱冷藏一天一夜再用，则肉质会更嫩。小苏打还有一个作用就是可以让牛肉中的蛋白质吸收更多的水分，腌牛肉时要往牛肉中加水，肉吸收的水分越多，就会越嫩，如果不放入小苏打，那么牛肉的吸水量会稍微小一些。因此，小苏打腌肉致嫩的效果还是比较明显的。

腌牛肉时，小苏打最好不要直接放牛肉中，那样不均匀，效果不好。正确的方法是首先把小苏打放在清水里调匀；然后一点点地搅打加入牛肉里，直到牛肉完全吸收；接着再放入少许鸡蛋液和干淀粉搅匀，目的是加一层壳，防止水分回吐；最后用油封住牛肉放入冰箱冷藏两小时后用就可以了。小苏打有涩味，用量过多会影响原料口味，所以腌牛肉时，小苏打的使用量最好控制在牛肉重量的3%以内。此外，腌牛肉时，适当地加入清水也会改善牛肉口感，加水量在牛肉重量的10%左右。有的商家为了降低成本会想办法向牛肉中打进更多的水，这样制作出来的牛肉虽然看起来非常饱满，但是口感和味道缺失得厉害，完全吃不出牛肉的味道。

拓展阅读

开拓创新意识

增强全民族的创新能力和创新意识，是实现民族伟大复兴的明智之举。饮食业具有不断发展、开拓创新的特点，这就要求厨师具有以变应变、与时俱进、开拓创新的意识，具有超前思考、灵活多变、求异思考的能力，同时要加强英语、计算机知识的学习，接受先进的文化理念和经营理念，善于抓住饮食业的发展方向，合理开发利用烹饪原料，努力研制、创新出适合不同顾客需要的菜点。

任务⑪ 茶树菇烧肉

一、菜肴介绍

茶树菇烧肉是一道以茶树菇和猪肉为主料的菜肴，烹饪技法以烧为主，属于咸鲜味型。茶树菇是一种食药用菌，菌盖细嫩、柄脆、味纯香、鲜美可口，因野生于油茶树的枯干上得名茶树菇。柱状田头菇营养丰富，蛋白质含量高，含有多种人体必需氨基酸，并且含有丰富的B族维生素和钾、钠、钙、镁、铁、锌等矿质元素。柱状田头菇具有清热、平肝、明目、利尿、健脾之功效。

二、制作原料

主配料：猪肉150克，茶树菇150克，茶笋100克，青椒1个，红椒1个。

调辅料：盐5克，味精5克，白糖5克，葱10克，姜10克，蒜子20克，海天酱20克，料酒5克，干辣椒5克，香料15克。

三、工艺流程

主配料洗净切配→猪肉焯水煸香→下入原料、调味→砂锅炖煮→装盘成菜。

四、制作过程

1. 猪肉切片焯水，青红椒切圈备用。
2. 葱、姜、蒜、香料煸香后下入肉片，肉片炒至焦黄加水没过肉片。
3. 加入茶树菇大火烧开后加入调料调色调味。
4. 倒入煲中加入猪油，小火慢炖10分钟。
5. 倒入锅中大火收汁，茶树菇在下，猪肉在上进行摆盘。
6. 撒上辣椒圈，浇上热油，放在灶上烧开后即成菜。

五、操作要点

1. 茶树菇过长需要剪切后再加入锅中。
2. 炖煮时注意不要烧干。

六、重点过程图解

图2—9—1 肉片焯水

图2—9—2 肉片香料煸香

图2—9—3 加入茶树菇后调色调味

图2—9—4 倒入煲中慢炖

图2—9—5 倒回锅中收汁

图2—9—6 装盘成型

七、感官要求

表2—9—1 茶树菇烧肉菜肴成品感官要求

项目	要求
色泽	猪肉油亮呈酱红色，茶树菇呈暗褐色
气味	具有肉香味同时带有菌类的香味
味道	咸鲜微辣，汁鲜味美
质地	猪肉软烂入味、茶树菇脆爽、汤汁醇厚
形态	猪肉薄厚均匀，茶树菇长短一致，汤汁浓郁

八、营养分析

表2—9—2 茶树菇烧肉主要原料营养分析

营养分析	猪肉	含有丰富的蛋白质及脂肪、碳水化合物、钙、磷、铁等成分，可提供血红素（有机铁）和促进铁吸收的半胱氨酸，能改善缺铁性贫血
	茶树菇	蛋白质含量高，含有多种人体必需氨基酸，并且含有丰富的B族维生素和钾、钠、钙、镁、铁、锌等矿物质

知识链接

干　锅

干锅又名干锅菜，是川菜的制作方法之一，起源于四川地区。其特点是口味麻辣鲜香。后在湖南、湖北、江西一带流行，因为这几地的口味较为接近，随后流行于全国。其与火锅和汤锅相比，汤少，味更足；不需要自行点菜，菜品搭配相对固定，可直接食用。在操作上，干锅比火锅和中餐更为方便，占用厨房面积小，因而受到广大消费者与投资者的喜爱。与火锅相比，干锅还没有出现全国性的强势品牌，是市场潜力十足的餐饮种类。其主要品种包括：干锅鸡、干锅鸭、干锅虾、干锅蟹、干锅耗儿鱼、干锅兔、干锅牛蛙、干锅排骨、干锅牛肉、干锅素菜等。

拓展阅读

慎独自律意识

慎独自律是指一个人独处时也能严于律己，不断自我检查和自我反省，以实现个人品质的逐步完善。厨师在从业过程中，要有这种慎独自律意识，寻求慎独自律的独特境界，不断检查自己的工作方向是否正确、研究方法是否规范科学，不断向自己提出挑战，不断地战胜自我、超越自我。每位厨师应严格按照国家有关物价的规定办法，掌握好成本核算，配菜时按不同品种准确投料，不能随意降低或提高标准，不能以次充好，做到质价统一。只有这样才能为顾客提供优良的就餐氛围，为企业创造效益。

任务十　小炒黄牛肉

一、菜肴介绍

小炒黄牛肉选用皖北特产黄牛为主料，烹饪技法以炒为主，属于咸鲜甜辣复合味型。将提前腌制好的正宗皖北黄牛肉搭配芹菜段和红尖椒爆炒，赋予了这道菜一种不同的口感。黄牛肉属于温热性质的肉食，擅长补气，是气虚之人进行食养食疗的首选肉食，就好像气虚之人进行药疗常常首选黄芪那样，所以《韩氏医通》说“黄牛肉补气，与绵黄芪同功”。就补养的脏腑来说，黄牛肉重在补养脾胃，从而滋养其他脏腑。牛肉富含蛋白质，氨基酸组成比猪肉更接近人体需要，能提高机体抗病能力，对生长发育及术后、病后调养的人在补充失血、修复组织等方面特别适宜。同时牛肉中还富含大量的铁，多食牛肉有助于缺铁性贫血的治疗。

二、制作原料

主配料：黄牛肉里脊400克，青杭椒200克，鸡蛋1个。

调辅料：嫩肉粉5克，辣酱35克，生抽10克，鸡粉3克，红尖椒50克，芹菜1棵，小葱30克，蒜子1个，香菜50克，生姜30克，蚝油30克，味精3克，盐2克，麻油10克，老抽5克，生粉20克，色拉油2000克，野山椒20克。

三、工艺流程

主辅料洗净切配→调味搅拌→配料煸炒→牛肉滑油→调味炒制→装盘成菜。

四、制作过程

1. 黄牛肉切成2×2厘米规格肉片备用，加嫩肉粉、蚝油、生抽、老抽、鸡粉、盐、味精拌匀后用手心反复搓揉使味道和色泽均充，如此过程中多次加入色拉油使表面有光亮度，并加入半个蛋清，生粉搓均匀后表面加色拉油静置备用。

2. 青杭椒、小红椒、野山椒、芹菜切粒，香菜切段备用。

3. 锅上火滑油倒入色拉油至三成油温，将浆好的黄牛肉滑油成熟，倒出控油。

4. 锅留底油下入姜、蒜片，炒香后下辣椒、芹菜、野山椒，煸炒至表面起虎皮，后下辣妹子、蚝油翻炒，再倒入黄牛肉，下生抽并调味翻炒，出锅前淋麻油、放香菜段，翻炒均匀，出锅装盘。

五、操作要点

1. 上浆类工艺技法。

2. 滑油油温控制。

3. 辅料煸炒香，辣椒起虎皮。

六、重点过程图解

图2—10—1　牛肉制嫩

图2—10—2　牛肉上浆

图2—10—3　牛肉滑油

图2—10—4　姜蒜爆香

图2—10—5　配料煸香

图2—10—6　装盘成型

七、感官要求

表2—10—1　小炒黄牛肉菜肴成品感官要求

项目	要求
色泽	色泽鲜亮，搭配得体
气味	具有一种纯正、持久、特殊的腌鲜香味
味道	味道鲜美，牛肉嫩香鲜美
质地	质地滑嫩、口感滑嫩、肉质醇厚入味
形态	牛肉薄厚均匀，香菜辣椒颜色搭配相得益彰

八、营养分析

表2—10—2　小炒黄牛肉主要原料营养分析

营养分析	牛肉	含有丰富的蛋白质、脂肪、烟酸，叶酸、多种维生素和钙、磷、铁等营养成分
	辣椒	含丰富的维生素C，居蔬菜之首；胡萝卜素、维生素B以及钙、铁等矿物质含量亦较丰富；含有辣椒素，可治疗寒滞腹痛、呕吐泻痢、消化不良等症状
	鸡蛋	含丰富蛋白质，含多种重要的矿物质（铁、钾、钠、镁），含丰富的维生素A、维生素B

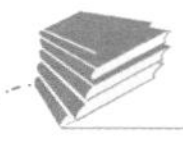

知识链接

牛肉上浆技巧及判断标准

原料：牛肉片500克、食粉5克、嫩肉粉2.5克、姜汁5克、精盐2克、味精3克、生抽8克、干淀粉16克、清水50克、生油100克。

腌制方法：先将牛肉片装入大碗中，再加入精盐2克、味精3克、生抽8克、姜汁5克、食粉5克、嫩肉粉2.5克，顺一个方向搅拌，至牛肉片上劲后，加入淀粉；将清水分3次加入牛肉片中，搅拌均匀；最后加入生油100克盖面，放入冰箱冷藏1小时即可。

拓展阅读

团结协作意识

团结协作能营造一种和谐的心理氛围，促进同事之间默契相处，产生互补和互相激励的效应。未来社会将越来越淡化地域和时空界限，民族关系、社会关系、人际关系等方面的发展趋势主要是合作。厨师工作也是如此，厨师之间首先要做到心理沟通、情感沟通，其次是互相尊重、同甘共苦，在彼此了解信任的基础上，团结一致，通力协作，营造出良好的氛围，从而提高工作效率。

任务十一　手抓羊肉

一、菜肴介绍

《宿县志》中记载："伏羊节"从1736年乾隆年间相传至今。"伏羊节"是皖北地区（主要在砀山、萧县、宿州、淮北）以萧县为代表特有的节日。

在入伏的前一天举行"伏羊节"（为期一周），有两种含义：一层含义是庆祝丰产，祈福来年。此时麦子已全部归仓，秋季作物也已播种完毕，人们怀着丰收的喜悦和对来年好运的期盼，举行这种形式的活动以寄托美好愿望（斗羊比赛、逢会）。另一层含义是享受美味，适时调理。

手抓羊肉属皖北风味，是皖北传统名菜。

二、制作原料

主配料：羊肋条1000克。

调辅料：精盐15克，料酒30克，味精2克，香醋20克，花椒15克，香料包（花椒、八角、茴香、香叶、草果、桂皮、白果各2克），葱、姜、蒜各10克。

三、工艺流程

原料选择→初加工→焯水→调味煮制→刀工处理→摆盘。

四、制作过程

1. 将羊肋条用小火燎制，放入冷水中浸泡3小时。
2. 葱姜蒜初加工后备用，香料包用凉水冲洗干净。
3. 将葱切段、姜切片，蒜切一部分片、一部分末。
4. 锅置火上加冷水烧开，放入浸泡过的羊排大火烧开，撇去浮沫捞出洗净。
5. 锅内加水，放入羊排大火烧开，加入葱姜片、香料包，改用小火煮制1.5小时，至肉质酥烂捞出。
6. 取一个小碗加入蒜泥、食盐、味精水、食醋（可加辣油）调匀即成蒜醋汁。
7. 将羊排改刀装入盘中间，盘两边放上食盐、蒜片，带上蒜醋汁即成。

五、操作要点

1. 选料精细，选择盐池绵羯羊肋条肉。
2. 焯水时要大火烧开，撇净浮沫后捞出。
3. 煮制过程中不能加入食盐，以防肉质变老。
4. 煮熟后离火可向锅中加入五成食盐浸泡。
5. 正确运用火候。

六、重点过程图解

图2—11—1　选择羊肋条

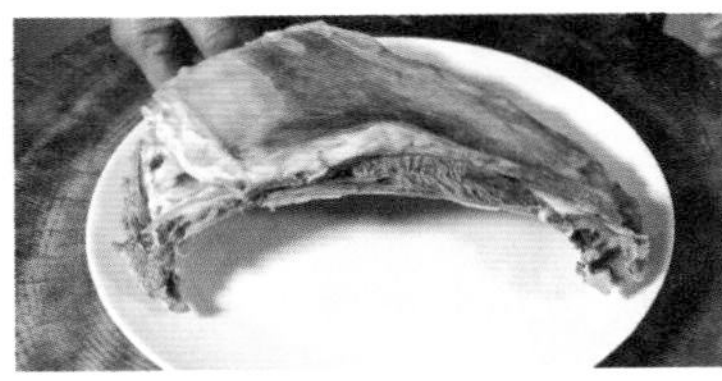
图2—11—2　羊肉煮熟

图2—11—3　羊肉改刀成条

图2—11—4　兑碗汁

图2—11—5　装盘成型

七、感官要求

表2—11—1　手抓羊肉菜肴成品感官要求

项目	要求
色泽	羊肉色泽粉红，均匀一致
气味	具有一种纯正的卤肉香与羊肉特殊的香味
味道	咸鲜味美，羊肉香甜
质地	羊肉软嫩爽口，不膻不柴
形态	羊肉外形完整、大小均匀

八、营养分析

表2—11—2　手抓羊肉主要原料营养分析

营养分析	羊肉	羊肉为高蛋白、低脂肪肉类，含磷脂较多，较猪肉和牛肉的脂肪、胆固醇含量都要少

知识链接

如何辨别羊肉质量

1. 看颜色。品质好的羊肉色泽鲜红。

2. 看纹理。品质好的羊肉纹理细腻，肉质紧实、有弹性，外表不粘手。

3. 闻味道。品质好的羊肉具有羊肉的膻味，味道正常无异味。如果闻有腥臭味，则为不新鲜的羊肉。

拓展阅读

羊身都是宝，吃法各不同

羊的全身都是宝，比如羊头、羊颈、羊肋排、腰脊部、羊腿等。这些部位有什么特点，又适合哪些烹调方法呢？

1. 羊头。日常生活中，人们吃羊肉、羊排、羊杂的比较多，吃羊头却很少，可能是因为羊头最腥，而且不好料理。其实羊头处理好，会另有一番滋味。羊脸肉质细嫩，鲜嫩多汁；羊舌全是精肉，入口紧实，很有嚼头；羊唇入口绵软酥糯；羊眼肉质脆嫩劲道。整只的羊头通常以卤制为主，富含胶原蛋白，是女士最爱。北京白水羊头就是羊头烹饪的佼佼者，将羊头用清水煮熟后拆骨切片蘸着椒盐食用，软嫩清脆醇香不腻，风味独特。

2. 羊颈。羊颈又名羊脖子，肌肉发达，肥瘦兼有，肉质干实，夹有细筋，通常切成圆形片状或去骨做成颈肉排，可用于红烧、焖炖或其他慢炖料理。这种富含胶质的活肉，肉质柔滑美味，口感细腻丰富。制作肉馅和丸子，最好选用羊颈肉，才能口感丰富有层次。

3. 羊肋排。羊肋排是一只羊身上最优质、最昂贵的一个部分，羊肋排由7~9条肋骨组成，肥瘦相间，肉质软嫩，细腻多汁，适合烤、煎、蒸、焖、炖等多种烹饪方式，法式羊排就出自这个部位。将整块肋骨部分处理好，只留下肉排和剃干净的肋骨末端，是西餐料理追求的美感，这部分羊排最适合烤至五分熟。

4. 腰脊部。腰脊分为羊外脊和里脊两部分。其中，羊外脊出肉率较少，非常珍贵，属于分割羊肉的上等品，国外将这个部位称为纽约克；里脊是最嫩的一块肉，形似竹笋，纤维细长，又称“竹笋羊肉”。腰脊部的肉最鲜嫩，是爆炒、烧烤的最佳选择。

5. 羊腿。羊腿分为羊前腿和羊后腿。羊后腿肉多，大部分是瘦肉，中间夹杂着很多的筋，筋肉相连，适合酱制，烹调出来的菜肴，口感相当有嚼劲；羊前腿相比后腿档次要低一些，有三分之一的肥肉和三分之二的瘦肉，通常用来做饺子馅或炖着吃。

模块三　禽蛋与山珍类原料名菜

微课　徽州蒸鸡

任务一　徽州蒸鸡

一、菜肴介绍

徽州蒸鸡是一道以母鸡和板栗为主料且徽州春节时期一道必不可少的传统佳肴。烹饪技法以蒸为主，属于咸鲜味型。将鸡皮烫至紧绷后涂抹酱油炸制鸡皮呈金红色，再将鸡肉和板栗肉以及其他配料一起上笼用旺火蒸至鸡肉熟烂。鸡肉营养价值高，富含蛋白质和磷脂，有健脾胃、强筋骨等功效；板栗具有止血消肿、治疗口腔溃疡、养胃等功效，但需注意糖尿病患者、脾胃虚寒者最好不要食用板栗。此菜肴考验油温的掌控，菜品色泽丰富，鸡色鲜红，板栗金黄，口感丰富，鸡皮干香，鸡肉酥烂，板栗酥软，同时味香浓醇厚。

二、制作原料

主配料：母鸡1只（约1500克），板栗200克。

调辅料：精盐4克，冰糖5克，小葱10克，酱油20克，绍酒20克，鸡汤200克，调和油1000克。

三、工艺流程

主辅料洗净切配→划刀处理→炸制金红→调味蒸制→装盘成菜。

四、制作过程

1. 将鸡宰杀，流尽血水去毛清洗干净，从脊背处剖开，取出内脏，洗净沥水；板栗用刀横切一刀，煮熟后去壳除内衣。

2. 在鸡肋骨处用刀尖扎几下（不要扎破皮），在鸡大腿内侧顺鸡形用刀划一下。

3. 下开水烫，烫至鸡皮绷紧，捞出沥水，涂抹一层酱油，下油锅炸至鸡皮呈金红色时捞出沥油。

4. 将鸡脯肉向下放在碗里摆上板栗肉，撒上精盐、冰糖、绍酒、鸡汤，放上葱（打结）、姜（拍松），上笼用旺火蒸至鸡肉熟烂时取出，拣去葱、姜，反扣在盘中即成。

五、操作要点

1. 鸡油炸时，不宜久炸，保持鲜味不溢。

2. 板栗大小均匀，同鸡合蒸的颗粒要求不散。

六、重点过程图解

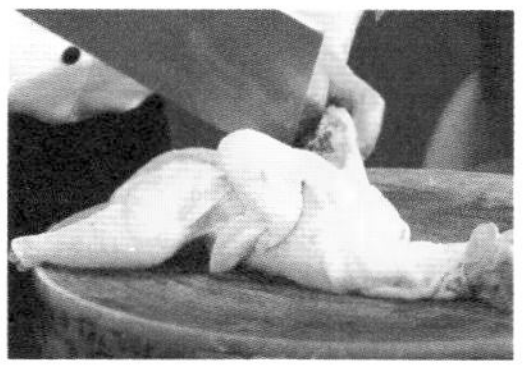
图3—1—1　处理鸡肉

图3—1—2　开水浇烫

图3—1—3　涂抹酱油

图3—1—4　下锅油炸

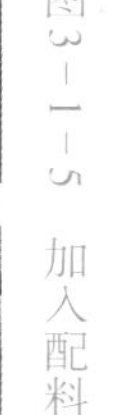
图3—1—5　加入配料

图3—1—6　放入蒸箱

图3—1—7　装盘成型

七、感官要求

表3—1—1　徽州蒸鸡菜肴成品感官要求

项目	要求
色泽	鸡色鲜红、板栗金黄
气味	具有一种纯正鲜香味
味道	味浓醇厚
质地	鸡肉酥烂、板栗酥软
形态	鸡肉不脱皮，鸡型完整；盛器的规格形式和色调与菜品配合协调

八、营养分析

表3—1—2　徽州蒸鸡主要原料营养分析

营养分析	鸡肉	富含优质蛋白质、多种维生素和矿物质，且脂肪含量相对较低
	板栗	含丰富的碳水化合物；还含有多酚、黄酮和多糖，对人体有诸多良好的作用，如抗氧化、预防糖尿病、抗肿瘤和心血管疾病

知识链接

如何挑选鸡

1. 看鸡是否健康。健康的鸡的鸡冠与肉髯颜色鲜红，鸡冠挺直，羽毛紧密而油亮，眼睛有神、灵活，行动自如，叫声清脆响亮。

2. 鉴别鸡的老嫩。嫩鸡脚掌皮薄无趼，脚尖磨损少，用手轻轻地捏一捏鸡胸，鸡胸紧实、饱满；老鸡手感松弛柔软。

3. 鉴别是否为散养鸡。散养鸡的脚爪细而尖长、粗糙有力；圈养鸡脚短、爪粗、圆而肉厚。宰杀鸡之后，散养鸡皮肤表面薄而紧致，毛孔细致，呈网状排列，而速成鸡皮糙肉厚、表皮松弛、毛孔粗大。在鸡肉煮好之后，散养鸡汤底透明干净，脂肪团聚集在汤的表面，香味浓；而饲料鸡汤色浑浊，汤表面的脂肪团聚集较少。

拓展阅读

菜点创新思路——借鉴法

近十多年来，烹饪界借鉴和吸收外来的烹饪方式，创造出一系列的新款菜点。“洋为中用”的推行，不仅丰富了我国菜肴的品种，增加了花色观感，也使广大厨师开了眼界。

“他山之石，可以攻玉。”借鉴外来的长处，为我所用，无疑是一条无限广阔的创新之路。借鉴不是照搬，而是通过消化推出新品，为中国传统菜点的发展开创新的局面，抒写新的篇章。

蒜蓉黄油鸡是一款中西结合的菜肴，它是从海外的中餐馆流传入国内的饭店的。海外中餐运用西餐中的黄油、甜辣酱，和中餐中的生抽、蚝油合理调配，使其产生独特的风味，欧洲人特别爱吃，引用到国内，特别是高档饭店，将中西式烹调技术融合而炮制，鸡肉煸至干香，颜色红黄并重，食之风味别致。

主辅料：鸡大腿500克，蛋清1只，红辣椒1个。

调辅料：蒜子15克，黄油50克，蚝油15克，生抽3克，白糖15克，精盐1克，料酒10克，香辣酱15克，味精1克，胡椒粉1克，干淀粉8克。

制作：①将鸡大腿洗干净，剔去内骨，切成鸡柳丝，用精盐、味精、胡椒粉、料酒、蛋清、干淀粉上浆拌匀起劲；②红辣椒去蒂、籽，切成粗丝，蒜子成蓉；③炒锅上火烧热，放黄油，融化后，加入鸡柳煸炒至松散，至八成熟时，投入红辣椒丝、蒜蓉炒香，加香辣酱、蚝油、生抽，略炒后加入白糖、味精，撒上胡椒粉和烹入料酒，煸至成熟干香后，即可起锅装盘，稍加点缀即可。

成菜特点：色泽淡红，鸡肉嫩香，香辣并重，呈旺油状。

任务二　茶笋老鸭煲

微课　茶笋老鸭煲

一、菜肴介绍

徽州绿笋、茶笋又称扁尖，是一种笋干，是徽州山珍之一。绿笋、茶笋均产自该山区的燕竹或水竹（野生竹）。春季，燕笋、水笋相继出山，为便于贮存，民间多将鲜笋以盐水煮制、烘干，即成干笋。产于绩溪大鄣山的燕笋干，笋茎粗大，笋肉肥厚，清秀鲜美，且笋呈浅绿色，故名大鄣绿笋或鄣山绿笋；产于徽州各处山野的水竹笋经水煮烘干后为筷子粗细，可用作茶食品尝，故名茶笋。

茶笋老鸭煲是一道以老鸭、山笋为主料的菜肴，烹饪技法以炖为主，属于咸鲜味型。将老鸭处理干净后和茶笋、火腿一起在砂锅炖煮。鸭肉是所有肉类中最适合夏季食用的，肉性温凉，具有补阴虚的作用。从中医“热者寒之”的治病原则看，其特别适合体内有热的人食用，如低烧、虚弱、食少等病症。此菜肴考验炖煮火候的把控，菜品金黄油亮，鸭肉酥烂，汤浓醇味鲜，茶笋爽脆味甘甜。

二、制作原料

主配料：净老鸭1只（约1500克），大鄣山茶笋100克。

调辅料：精盐2克，冰糖5克，火腿20克，小青菜100克，味精2克，葱结10克，姜片10克，黄酒10克。

三、工艺流程

主辅料洗净切配→旺火烧制→加入配料→装盘成菜。

四、制作过程

1. 老鸭宰杀，从肛门处去内脏洗净，锅里放冷水，加入葱姜、黄酒，将鸭子放入，烧开后捞出洗净；茶笋用清水浸泡，撕成粗丝；火腿切厚片。

2. 将老鸭、茶笋、火腿一同放入砂锅内，加入葱结、姜片、黄酒、精盐、冰糖、清水，上旺火烧开后转小火，炖至鸭肉酥烂时放入小青菜，加味精即可。

五、操作要点

1. 老鸭要焯水洗净。

2. 鸭肉必须炖制酥烂。

六、重点过程图解

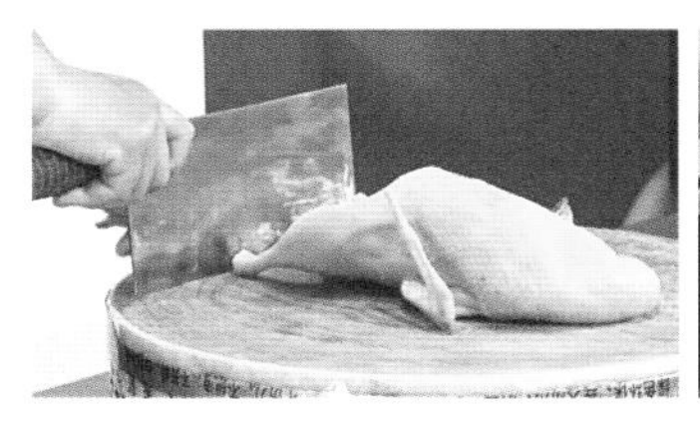

图3—2—1　老鸭前处理

图3—2—2　茶笋切段

图3—2—3　火腿切片

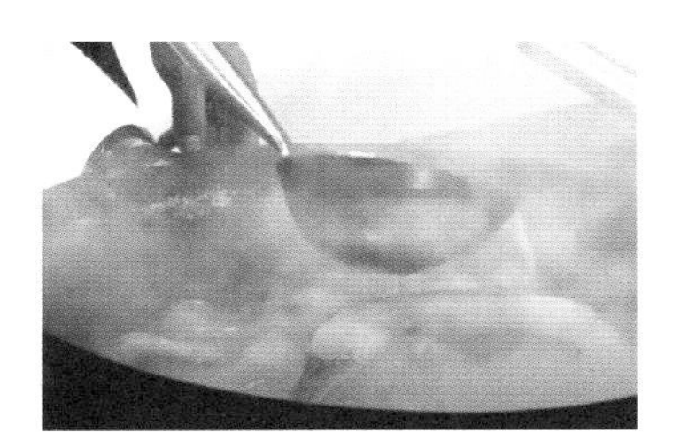

图3—2—4　老鸭焯水

图3—2—5　老鸭放置砂锅炖煮

图3—2—6　装盘成型

七、感官要求

表3—2—1　茶笋老鸭煲菜肴成品感官要求

项目	要求
色泽	金黄油亮，茶笋呈黄褐色
气味	纯正、持久、特殊的烟熏幽香
味道	鲜醇独特
质地	皮脂厚润，皮酥肉嫩
形态	体形完整，不破不碎；盛器的规格形式和色调与菜点配合协调

八、营养分析

表3—2—2　茶笋老鸭煲主要原料营养分析

营养分析	鸭肉	蛋白质含量较高，主要是肌浆蛋白和肌凝蛋白；所含B族维生素和维生素E较其他肉类多，能有效抵抗脚气病、神经炎和多种炎症，还能抗衰老；鸭肉含有较为丰富的烟酸，是构成人体内两种重要辅酶的成分之一
	笋	富含膳食纤维、多种维生素（如维生素B_1、维生素B_2）及矿物质（如钾、钙、镁）等

知识链接

砂锅使用技巧

砂锅在使用过程中容易开裂，怎样避免这种情况的发生呢？

当新砂锅被洗净、烧干水分后，先将其内外都涂上食用油，再加热即可防止开裂；使用砂锅时，不要突然在大火上烧，否则容易开裂；新买回来的砂锅第一次先用来熬粥，这样就可以堵住砂锅细小的孔隙，可以防止砂锅渗水、开裂；砂锅不用的时候要倒放晾干，最好放到通风的地方；当把砂锅从火上拿下来的时候，不能直接放到地面或者有水的地方，最好用木板或者垫子垫一下。

拓展阅读

菜点创新思路——缩减法

缩减法的思维方式在品种开发中运用广泛，其主要表现是“由大到小”的缩减成新和“由繁到简”的缩减成新两个方面。菜品的创制“由大到小”的思路值得我们去探究。从“套羊”到“套鸭”，以后成了更小的鸽子和鹌鹑，并炮制出了“八宝乳鸽”“八宝鹌鹑”等，是菜品缩减创新思路的结果。

菜品创新“由繁到简”的思路也是缩减法的主要内容。为实现同一风味、特色或提供同等服务，如果能用简单的工艺来代替复杂的工艺，则意味着创造性的发挥。

菜品的制作由繁复向简单演化，这是一种制作方向，香糯青椒盅就是利用缩减法制成的。此菜利用青椒果型较大、形似灯笼、绿如翡翠的特点，巧加切配，制成小盅，盛载糯米饭，给普通的菜肴营造出高雅的氛围，让人享受到菜品的雅趣之美。

主辅料：大小均匀的青椒10个，糯米250克，腊肠50克，水发冬菇25克，青豆50克，泡发虾米50克。

调味料：葱10克，精盐3克，白糖5克，味精15克，生抽3克，料酒30克，胡椒粉1克，色拉油35克。

制作：①将糯米淘净，放水适量，上笼蒸熟；②腊肠洗净后放蒸笼蒸熟；③将熟腊肠，水发冬菇切成小粒，葱切成粒状；④去青椒，横切1/5作盖，洗净，用沸水加油、精盐连盖焯熟，捞起，滤干水分，并把青豆焯熟，滤干；炒锅上火烧热，放色拉油，先下虾米爆香，再把糯米饭、冬菇粒、腊肠粒、青豆仁、葱粒放进锅里，加精盐、白糖、生抽、料酒、味精、胡椒粉同炒至均匀干香，然后分装在各个青椒盅里，上席一人一盅。

成菜特点：甘香软糯，小巧精致。

任务二　胡适一品锅

微课　胡氏一品锅

一、菜肴介绍

一品锅为绩溪徽菜中的一道锅菜。相传乾隆皇帝某年出巡江南，与随从微服出行，自九华山来到绩溪拜谒天子坟。当行至岭北乡的一山坳时，天色渐暗，想找个人家歇脚，恰好路边有幢农舍，便贸然叩门。农妇问清缘由后，热情接待了他们。时值中秋刚过，家中还有些冷菜，农妇怕客人饿了，于是将笋干、红烧肉、油豆腐泡和鸭蛋饺按先素后荤的顺序一层层地码放于锅中一次烧热上桌。不一会，乾隆与随从便将这道锅菜吃得底朝天。食毕，乾隆问农妇：“这么美味的锅菜叫什么？”农妇答道：“一锅粗菜还有什么名字，不就是一锅熟么！”乾隆听后笑道：“此菜名欠雅，不如叫‘一品锅’吧。”后来，农妇才获知是皇上来过她家，消息传开，附近村民争相仿制。为讨吉利，每逢喜庆节日都要烹制一品锅。后来，传遍徽州各地，故又称徽州一品锅。

近代学者胡适先生是绩溪上庄人，对一品锅情有独钟。他说，每到工作压力沉重、感觉情绪压抑之时，便会到厨房去烹制这道家乡名菜。胡先生的夫人江冬秀女士，原籍就在与上庄一山之隔的江村，更是擅长烹制此菜。胡适曾以一品锅招待国民党元老于右任、著名学者王云五和绩溪程家女婿梁实秋先生等人，得到“一品锅，三五七层花色多，品其味，离桌不离锅”的赞许。其在美国时也经常以家乡的一品锅招待外国友人，赢得举座赞誉，成为美谈。故后人也把此菜称为“胡氏一品锅”或“胡适一品锅”。

普通一品锅为四层，底层称搁锅菜，均为素菜，按不同季节，以冬笋、笋干、干豆角或萝卜等作底菜，另外三层自下而上是红烧肉块、油豆腐泡和鸭蛋饺。高档一品锅达七八层之多。一品锅每层菜肴皆制成半熟品后，再按规制码放，然后将锅坐文火上慢炖，并不断淋浇汤汁。一般需三四个小时才会入味。一品锅是徽菜中最典型的火功菜，乡土风味浓，味厚而鲜，诱人食欲，是徽州名菜中的代表作。

二、制作原料

主配料：三黄鸡半只（约250克），前夹肉1斤，硬五花肉1斤，蛋饺皮16张，干豆角300克，冬瓜1斤，鹌鹑蛋20个，白萝卜1斤，绩溪大豆腐角12个，肉皮肚500克，干花菇200克，老豆腐100克。

调辅料：生姜100克，小葱100克，老抽30克，八角、桂皮各5克，干辣椒壳5克，生抽10克，鸡粉3克，胡玉美辣椒酱20克，白糖50克，大蒜子100克，黄酒30克，西兰花1斤。

三、工艺流程

主辅料洗净切配→材料加工→炸至金黄→小火煨制→装盘成菜。

四、制作过程

1．三黄鸡剁成3×4厘米的块红烧，前夹肉切成3×5厘米的片红烧，白萝卜切成滚刀块红烧，干豆角红烧。

2．将五花肉剁成末，冬瓜切成丝，老豆腐压成泥，葱花切成末，备用。

3．将冬瓜丝和五花肉末调味拌成馅，包在蛋饺皮内做成蛋饺生坯。

4．将豆腐泥和五花肉末拌成馅，塞到豆腐角内，制成生坯备用。

5．西兰花切成块备用，花菇表面打上十字花刀和前夹肉一起烧制入味备用。

6．取一大铁锅将烧好的白萝卜垫底上面盖上一层烧好的前夹肉，然后再铺上一层干豆角，豆角上面放上红烧鸡块，鸡块上面再放一层烧好的肉皮肚，将蛋饺均匀地围摆在上面成圆体状。

7．五花肉末和豆腐泥搅拌在一起制成豆腐圆生坯放入五成油温中炸至金黄色备用。

8．将炸好的豆腐圆围摆在蛋饺的周围，大铁锅当中倒入肉汤小火煨制并将煮好的鹌鹑蛋围摆成一圈，蛋饺烧煮成熟后点缀西兰花并在蛋饺上面放上煨好的花菇即可。

五、操作要点

1．一品锅摆放要有层次感，荤素搭配分层，小火烧制各种原料味道融合。

2．底料烧透入味，使用荤料原汤调味。

六、重点过程图解

图3—3—1　干豆角焯水

图3—3—2　红烧肉烧制

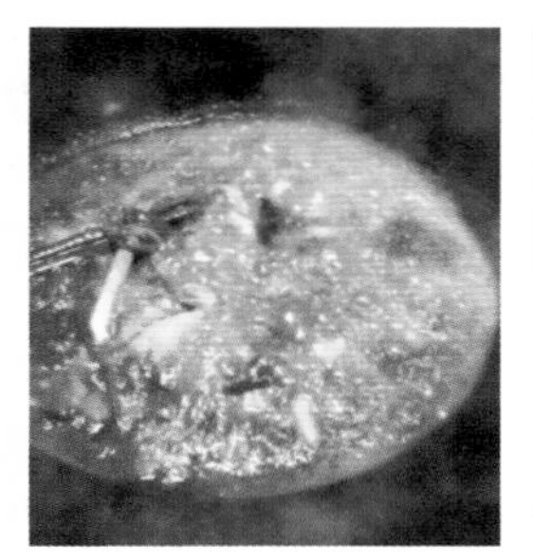
图3—3—3　红烧鸡块烧制

图3—3—4　调制肉馅

图3—3—5　码放整齐

图3—3—6　出锅成型

七、感官要求

表3—3—1　胡适一品锅菜肴成品感官要求

项目	要求
色泽	鲜明，汤汁呈酱红色
气味	复合香味
味道	咸鲜适中，醇厚
质地	质感丰富，松、软、酥、脆
形态	摆放整齐，层次分明；盛器的规格形式和色调与菜点配合协调

八、营养分析

表3—3—2　胡适一品锅主要原料营养分析

营养分析	猪肉	含有丰富的蛋白质及脂肪、碳水化合物、钙、磷、铁等成分，可提供血红素（有机铁）和促进铁吸收的半胱氨酸，能改善缺铁性贫血
	豆腐	蛋白质、氨基酸含量高，还有铁、钙、钼等人体所必需的矿物质
	鸡肉	富含优质蛋白质、多种维生素和矿物质，且脂肪含量相对较低
	豆角	含丰富的维生素、微量元素和易消化吸收的优质蛋白质、多糖等营养物质

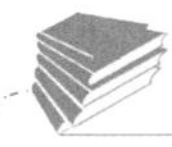
知识链接

热菜烹调技法——煨

煨是指将经过初步熟处理后的原料放入陶制器皿中，加入较多汤水后先用旺火烧沸，再用中火或微火长时间加热至酥烂成菜的一种烹调方法。

其技法特点如下：

1. 主料大多选用富含鲜香滋味、质地老韧的动物性原料，而植物性原料大多作为辅料；根据季节变换的需要选择搭配原料，根据菜肴制作的需要合理搭配功能性滋补原料以增加菜肴的营养价值。

2. 煨制的原料不可切得太小，所用主料一般是大块料或整料。

3. 原料大多要进行初步熟处理（如煎、炸、焯水等），其目的是除去异味、增加汤汁的浓度和香味。

4. 加热时，要严格控制火力，首先用旺火烧沸后限制在小火范围内，使锅内水面保持微沸，然后加入去腥调料，撇去浮沫，转入中火煨至酥烂。

5. 使用多种原料的，要根据原料性质特点把握下料顺序。煨制时，性质坚实、能耐长时间加热的原料可以先下入，而耐热性较差的辅料在主料煨至半酥时下入。

6. 原料在加热时不宜先调味，调味均在原料基本酥烂后进行。否则，将大大延长加热的时间。

7. 为了突出原料自身具有的鲜香美味，煨法使用的调料品种相对简单，调味也相对清淡，除用适量的味精助鲜外，只使用葱、姜、料酒和盐，一般不用带色味料和浓味香料。

拓展阅读

菜点创新思路——换味法

“味美可口”“味为核心”都是形容中国烹饪调味技术的重要性的。东南西北中，经纬各不同。不同的地理环境，具有不同的自然条件，这种差异形成了各地区的风味差别，在菜品创新中，运用“换味法”可使菜品具有多变性。

锅仔菜到处流行，醉虾也习以为常。两者结合，创制出米酒醉虾，其烹法独具一格，味型也独辟蹊径。此菜的创意是将米酒代替了清汤，重新调味组合，制成了一种全新的“米酒锅仔”菜品，放入鲜虾即烫即食，鲜香、酒香融合。

主辅料：基围虾400克，白糯米酒400克。

调味料：南乳汁、蒜蓉、葱油、香油、胡椒粉、生抽、白糖、味精、鸡精、精盐、鸡清汤各适量。

制作：①取小碗一个，将所有的调味料搅和，按合适的味型，制成调味汁；②取锅仔一个，点燃酒精，倒入白糯米酒400克，烧开后，放入活虾400克，烫至虾弯曲成鱼钩状时，即可蘸调味汁食用。

成菜特点：虾香味美，气氛热烈，米酒飘香，风味独特。

任务四　串烤牛蛙

一、菜肴介绍

串烤牛蛙是以牛蛙为主要原料制作的菜肴，具有香辣可口、味型突出的特点。牛蛙营养丰富，每100克蛙肉中含蛋白质19.9克、脂肪0.3克，是一种高蛋白质、低脂肪、低胆固醇的营养食品，经常食用对人体有促进气血旺盛、精力充沛、滋阴壮阳等功效；牛蛙肌肉中尤其以其腿部肌肉发达，质嫩味香。

二、制作原料

主配料：牛蛙4只，大葱1根，小葱50克，洋葱1个，生姜2个，香菜30克，大蒜2个，青杭椒200克，小红椒50克，干辣椒100克，白芝麻20克。

调辅料：精盐3克，味精5克，鸡粉5克，花雕酒50克，嫩肉粉5克，火锅底料50克，美极鲜15克，蚝油10克，辣鲜露10克，辣油50克，麻油20克。

三、工艺流程

主辅料切配→牛蛙腌制→油热炸制焦黄→翻炒底料调味→装入烤盘加热。

四、制作过程

1. 牛蛙去皮、去爪、去头后剁成块状，放上洋葱、生姜、小葱、香菜、花雕酒、盐、鸡粉、味精、嫩肉粉抓匀码味腌制备用。大葱均匀切段，洋葱切片，姜蒜切粒，干辣椒切段，青红椒切段备用。

2. 牛蛙肉腌好后，放进七成热的油温中炸至焦黄色捞出备用。

3. 大葱段放油中炸至表面焦黄捞出从中间切开，平铺在烤盘中，淋油备用。

4. 油烧热，放姜、蒜、洋葱片炒香，放火锅底料翻炒出香味后，再放牛蛙肉、皮烧制，并加适量的水。下黄酒、美极鲜、蚝油、辣鲜露、少量的盐、味精、鸡粉、辣油调味收汁后放在烤盘中。

5. 油烧热，放干辣椒煸炒表面焦黄，盖在牛蛙肉上，撒上白芝麻、葱末、香菜叶装饰。烤盘加热即可。

五、操作要点

1. 牛蛙的宰杀与腌制处理。

2. 炸制牛蛙的油温和烧炒的火候要掌握好。

六、重点过程图解

图3—4—1　原料准备

图3—4—2　牛蛙切段

图3—4—3　炸葱段

图3—4—4　炸牛蛙

图3—4—5　加入调料

图3—4—6　装盘成型

七、感官要求

表3—4—1　串烤牛蛙菜肴成品感官要求

项目	要求
色泽	牛蛙色泽金黄，辣椒油亮
气味	具有一种纯正、持久、特殊的麻辣鲜香味
味道	麻辣鲜香，口味纯正
质地	质地细腻、口感脆嫩、肉质醇厚入味
形态	牛蛙块大小均匀，辣椒段整齐适中；盛器的规格形式和色调与菜点配合协调

八、营养分析

表3—4—2　串烤牛蛙主要原料营养分析

营养分析	牛蛙	高蛋白、低脂肪、低胆固醇；含有丰富的维生素E和锌、硒等微量元素
	辣椒	含丰富的维生素C，胡萝卜素、维生素B以及钙、铁等矿物质含量亦较丰富。含有辣椒素，可治疗寒滞腹痛、呕吐泻痢、消化不良等症状
	洋葱	含有丰富的维生素E和硒、锌等微量元素

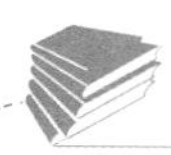

知识链接

表3—4—3　各种烤法的对比

种类	定义	工艺流程	特点
明炉烤	用明火的高热量、辐射力先烤干原料表面的水分，使之松脆起香，再由表层传到原料内部，使原料由生变熟的烤法	选料→加工整理→腌制→烤制→装盘	具有外焦里嫩、原汁原味、用料考究和现烤现吃的特点，还具有炭烤及熏烤的风味
挂炉烤	不封闭烤炉炉门，使原料既受到明火烤，又受到暗火烤的烤法	选料→加工整理→抹糖浆→入炉烤制→切割装盘	色泽枣红、外皮松脆、肉质鲜嫩、香气浓郁
焗炉烤	将原料置于焗炉内，不接触明火，通过封闭式加热烧热炉壁，利用炉壁产生的热辐射使原料成熟的烤法	选料→加工→腌制、抹糖浆→入焗炉用高温烤制→装盘	外焦里嫩、香气浓郁，肉质不硬不软，耐嚼有咬劲

拓展阅读

辣椒的辣文化

辣椒是在明末从美洲传入中国的，起初只作为观赏作物和药物，进入菜谱以后，吃辣的风潮一直持续到现在。因为明朝才传入，所以辣椒进入中国菜谱的时间并不太长。进入中国后，辣椒才有了番椒、地胡椒、斑椒、狗椒、黔椒、辣枚、海椒、辣子、茄椒、辣角、辣、秦椒等名称。

辣椒传入中国约400年，但这种洋辛香料很快红遍全中国，将传统的花椒、姜、茱萸的地位抢占，花椒的食用被挤缩在花椒的故乡四川盆地，茱萸则几乎完全退出中国饮食辛香用料的舞台，姜的地位也从饮食中大量退出，但还有所剩余。辣椒的传入及进入中国饮食，无疑是一场饮食革命，威力无比的辣椒使传统的任何辛香料都无法与之抗衡。同时，通过丝绸之路传入中国的胡椒，开始被大量使用。这样近代以来，传统的花椒、姜、茱萸三香，演变成了以辣椒、姜、胡椒为主的格局。

中国最嗜辣的几个省份，长期以来总以“谁最不怕辣”来一竞短长。“四川人不怕辣，贵州人辣不怕，湖南人怕不辣，湖北人不辣怕”。川辣特点是麻辣，辣中佐以花椒使其香味更为别致。重庆火锅的麻、辣、烫正鲜明地凸现这一特点；黔辣多为酸辣，辣椒或用盐液或用卤水腌泡，泡制出来的辣椒酸香脆嫩，令人胃口大开；云南一带多讲究糊辣，辣椒用油炸糊后享用，别有风味；陕西人喜欢咸辣并重；湖南人爱食鲜辣、纯辣，一般不需别的调料来冲淡辣味。甘肃人吃酿皮子、牛肉面等，都要调上辣椒油，以增添饭菜香味。贵州食用辣椒历史长，与辣椒有关的菜也多，遵义酢辣椒、花溪泥鳅辣椒、瓤红椒以及黔式辣椒调味品糟辣椒、糍粑辣椒和油辣椒和五香辣椒面等，都很有特色。

任务五 葛粉圆子

一、菜肴介绍

葛粉圆子是徽州山区传统名吃。葛是一种野生藤本植物，性平，味甘、辛，其块根部粗大且富含黄酮类及淀粉。《药性论》载："能治天行上气，呕逆，开胃下食，主解槽毒，止烦渴。熬屑治金疮，治时疾寒热。"《本草拾遗》载："生者破血，合疮，堕胎。解酒毒，身热赤，酒黄，小便赤涩。可断谷不饥。"

二、制作原料

微课 葛粉圆子

主配料：黄山葛粉250克。

调辅料：猪五花肉30克，徽州咸肉30克，豆腐干30克，鲜笋120克，干香菇9克，黄酒2毫升，精盐2克，菜籽油30毫升。

三、工艺流程

主辅料切配→冷水稀释葛粉→炒至葛粉变色断生→笼中蒸制→成品摆盘。

四、制作过程

1. 葛粉用清水泡化，筷子搅拌。
2. 热锅入油，下入香菇、豆腐干丁、五花肉丁煸炒。
3. 下入葛粉糊，快速搅拌，并不断碾压。
4. 趁热团成圆子，大火蒸制。

图3—5—1 葛粉加水泡化

图3—5—2 小料炒香

图3—5—3 下入葛粉糊

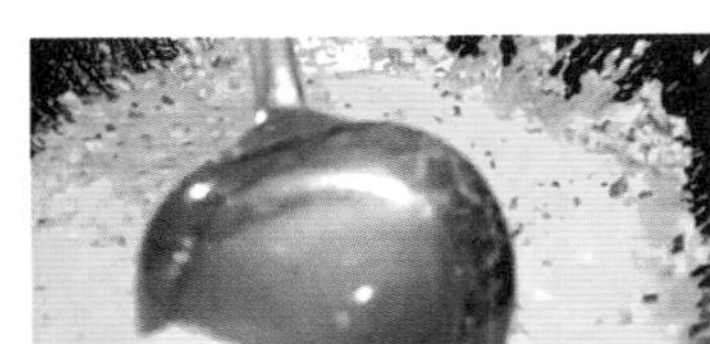

图3—5—4 快速搅动

五、操作要点

葛粉糊下锅炒制后要不断搅拌。

六、重点过程图解

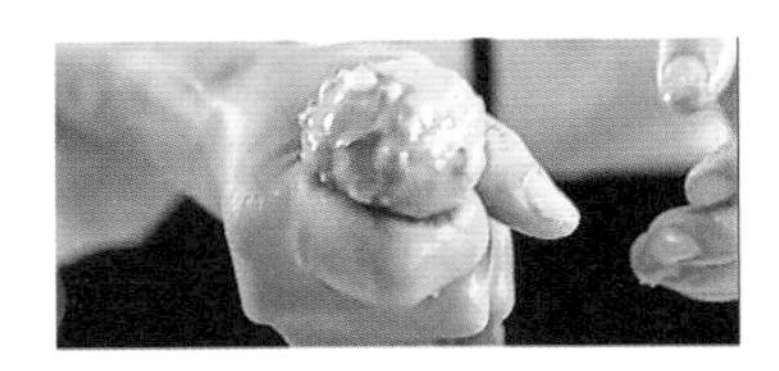

图3—5—5 团成圆子

图3—5—6 大火蒸制成型

七、感官要求

表3—5—1　葛粉圆子菜肴成品感官要求

项目	要求
色泽	浅灰色，晶莹剔透
气味	具有葛粉清香
味道	滋润鲜美
质地	酥松香脆，软糯有韧性
形态	圆子外形圆整，无突起、塌陷等变形；盛器的规格形式与菜点配合协调

八、营养分析

表3—5—2　葛粉圆子主要原料营养分析

营养分析	猪肉	含有丰富的蛋白质及脂肪、碳水化合物、钙、磷、铁等成分，可提供血红素（有机铁）和促进铁吸收的半胱氨酸，能改善缺铁性贫血
	豆腐	大豆蛋白质属完全蛋白质，易消化吸收，富含人体需要的8种必需氨基酸；含有丰富的蛋白质及脂肪、碳水化合物、钙、磷
	葛粉	含有人体需要的10多种氨基酸和蛋白质、硒、铁、锌、钙、葛根素、维生素等多种营养成分
	笋	富含膳食纤维、多种维生素（如维生素 B_1、维生素 B_2）及矿物质（如钾、钙、镁）等
	香菇	为高蛋白、低脂肪食材，含有多种维生素、矿物质及香菇多糖等独特营养成分

知识链接

表3—5—3　各种蒸法的对比

种类	定义	工艺流程	特点
清蒸	将加工好的原料放入蒸笼内，用旺火、足气、短时间加热成菜的烹调方法	选料→切配→腌制预制→蒸制→出锅	原形原色、汤清汁鲜、质感细嫩
粉蒸	将加工好的原料加调料、炒香的米粉及适量的汤水搅匀，入屉上笼，用旺火、足气、长时间加热成菜的烹调方法	选料→切配→腌制→拌米粉→蒸制→装盘	调料充分浸透原料并使原料软烂的同时，形成原料自身鲜味和调料滋味一体化的醇厚风味
花色蒸	将加工成型的原料拼摆在盛器内，调入味汁，放入蒸笼，用中小火长时间加热成熟后浇淋芡汁成菜的烹调方法	选料→切配→型坯处理→蒸制→浇汁→装盘	形态绚丽多彩，滋味清香醇厚，质感熟烂

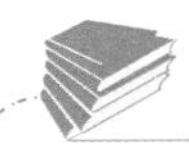

拓展阅读

烹饪中常用淀粉的区别（上）

烹饪中常会遇到多种淀粉。红薯淀粉、土豆淀粉、葛根淀粉、绿豆淀粉之间性质存在一些区别，因而在应用上也存在区别。

1. 红薯淀粉。红薯淀粉色泽较黑，颗粒较粗糙，糊化后，口感会比较黏，上浆勾芡一般不会用到它。但它有一个好处，就是糊化后黏的同时也比较爽滑。红薯淀粉很耐热，用它做的粉条，吃火锅、砂锅久煮不烂，表皮筋韧，有嚼头，口感特别好。油炸之后表面酥脆，内心软嫩。地瓜粉、山芋淀粉都是指红薯淀粉。

2. 土豆淀粉 (马铃薯粉)。土豆淀粉，是由马铃薯处理制成的。黏性足，质地细腻，色洁白，透明度和弹性高。可以做土豆粉丝，土豆粉很爽滑，下火锅、做砂锅都很不错。但上浆、勾芡不如木薯淀粉和玉米淀粉，而且容易发生老化反应，降低菜肴的口感，所以在炒菜烹饪过程中使用得不多。另外，土豆淀粉是制作糯米纸的原料。

3. 葛根淀粉。葛根，其中一种是淀粉含量较高的粉葛。粉葛除了煲汤，也常用来提取葛粉。葛粉和其他淀粉一样，也有一定的黏度和糊化度，口感像藕粉。可以用来勾芡，但和土豆淀粉一样，放凉后芡汁会变稀。它也可以用来代替红薯淀粉，煮熟后也呈透明状，也有弹性，可以做珍珠丸子、薯圆、芋圆，但葛根粉有葛根的余味，稳定性不如木薯淀粉，久置后弹性下降，口感变硬。

4. 绿豆淀粉。绿豆淀粉是由绿豆用水浸涨磨碎后沉淀而成的。绿豆淀粉含有的直链淀粉较多、支链淀粉较少(糊化度低)，价格比较贵，厨房里比较少用。它的特点：黏性足吸水性小，色洁白而有光泽。主要用于制作凉粉和粉丝，制成的粉丝很细却不容易断，口感还很筋道，是其他的淀粉很难做到的。

任务十 绩溪炒粉丝

一、菜肴介绍

相传，康熙皇帝南巡时，有一次来到苏州，暂住在织造府衙内。主管织造府的曹寅（曹雪芹祖父）负责接驾，采办了多种名珍异馐来侍奉皇帝。但由于康熙旅途劳累，心火上升，对山珍海味甚感厌腻。曹寅遂寻访名厨，命其做出既清淡又鲜爽的菜点，让皇帝能吃得开心。厨师绞尽脑汁别出心裁地做了满满一桌土菜。康熙入席后，见一只黄金碗里的菜肴发出光亮，玲珑剔透，不知为何物，便第一个朝它伸出筷子。这一尝非同小可，味鲜可口，康熙龙颜大悦，绩溪炒粉丝从此名扬天下。

有打油诗云：万水千山沃良田，宝地绩溪红薯甜。晶莹剔透粉丝好，康熙品尝悦龙颜。

二、制作原料

主配料：红椒1个，小葱50克，茶笋干50克，香菇30克，五城茶干10片，五花肉50克，粉丝500克，生姜1个，大蒜1个。

调辅料：精盐5克，味精3克，白胡椒粉5克，鸡粉2克，生抽10克，酱油5克，麻油5克。

三、工艺流程

主辅料切配→炒制辅料→调味焖制→葱段翻炒→成品摆盘。

四、制作过程

1. 红椒切丝，小葱切段，茶笋泡发切丝，香菇、茶干、鲜五花肉切丝，粉丝提前泡发。

2. 锅划油，将肉丝、笋丝、香菇丝炒香，放豆腐干、辣椒丝、姜蒜、酱油，水焖炒入味，下粉丝，调盐、味精、白胡椒粉、鸡粉、生抽、盖上锅盖焖至收干水分，下葱段翻炒，淋麻油，装盘。

五、操作要点

1. 粉丝下锅焖制收干水分。

2. 肉及底料煸炒后烧制出味。

六、重点过程图解

图3—6—1　食材准备

图3—6—2　配料切配

图3—6—3　猪肉下锅煸炒

图3—6—4　粉丝入锅翻炒

图3—6—5　装盘成型

七、感官要求

表3—6—1　绩溪炒粉丝菜肴成品感官要求

项目	要求
色泽	油光发亮
气味	鲜香
味道	地方风味浓厚
质地	自然形态
形态	软糯、略有弹性

八、营养分析

表3—6—2　绩溪炒粉丝主要原料营养分析

营养分析	红薯粉丝	含有丰富的淀粉、维生素、纤维素，还含有丰富的镁、钙、磷等矿物元素和亚油酸等，其中β—胡萝卜素、维生素E和维生素C含量尤多
	猪肉	含有丰富的蛋白质及脂肪、碳水化合物、钙、磷、铁等成分，可提供血红素（有机铁）和促进铁吸收的半胱氨酸，能改善缺铁性贫血
	茶干	大豆蛋白质属完全蛋白质，易消化吸收，富含人体需要的8种必需氨基酸；含有丰富的蛋白质及脂肪、碳水化合物、钙、磷
	笋	富含膳食纤维、多种维生素（如维生素B_1、维生素B_2）及矿物质（如钾、钙、镁）等

知识链接

粉丝的食用禁忌

粉丝一般人皆可食用，孕妇少食或不食。

传统粉丝在加工制作过程中添加了明矾，明矾即硫酸铝钾。摄入过量的硫酸铝钾，会影响脑细胞的功能等。按照《食品添加剂使用标准GB2760—2011》规定：粉条不允许添加明矾。现阶段的粉丝加工，特别是知名品牌已经放弃明矾的使用，作坊生产的粉丝有不少仍然在使用明矾。

食用粉丝后，不要再食油炸的松脆食品，如油条之类。因为油炸食品中含有的铝也很多，合在一起会使铝的摄入量大大超过每日允许的摄入量。

拓展阅读

烹饪中常用淀粉的区别（下）

烹饪中常会遇到多种淀粉。木薯淀粉、小麦淀粉、玉米淀粉、豌豆淀粉之间性质存在一些区别，因而在应用上也存在区别。

1. 木薯淀粉。木薯淀粉又叫菱粉、泰国生粉。它的支链淀粉含量最高，而且它本身没有味道，糊化后较透明，放凉后能持续保持柔软有嚼劲，不干硬，所以木薯淀粉适合做黏性较强、易熟、强调口感的食物，比如芋圆。更适合做需要精调味道的食品，比如蛋糕布丁或西饼的馅料。它的黏性很高，可以作为增稠剂、黏结剂、膨化剂和稳定剂，同时也是制作口香糖和果冻的原料。

2. 小麦淀粉（澄粉）。小麦淀粉也被叫作澄粉、澄面、汀粉。小麦淀粉是麦麸洗面筋后沉淀而成或用面粉制成，也就是从小麦中提取的纯淀粉。其特点是：色白，但光泽较差，质量不如土豆粉，勾芡后容易沉淀澄粉的透明度较高，虽然黏性不像木薯淀粉那么高，但也不像玉米淀粉那么低，澄粉可以制作出透明度很高的面食和糕点类，所以用来做水晶虾饺的皮很合适。

3. 玉米淀粉。玉米淀粉是从玉米粒中提炼出的淀粉，在烹饪中是作为稠化剂使用的，用来辅助食材软滑以及汤汁勾芡之用；粤茶中常用来勾芡的也是玉米淀粉。它不像红薯粉那么耐热，但油炸后口感酥脆。所以，油炸挂糊也会用到，比如糖醋鱼等。玉米淀粉的吸水性强，冷却之后能保持形状，在烘焙中广为使用。与中筋粉相混合是蛋糕面粉的最佳替代品，降低面粉筋度，增加松软口感。

4. 豌豆淀粉。豌豆淀粉属于比较好的淀粉品种，烹调炸酥肉时用豌豆淀粉比较好，成品软硬适中，口感很脆，但也不像玉米淀粉那么脆硬。用豌豆淀粉做酥肉汤或烩菜，淀粉表皮不容脱落。很多地方的凉粉、凉皮，多是用豌豆淀粉做的。

任务七　绩溪炒米粉

一、菜肴介绍

绩溪炒米粉又叫绩溪炒米糊，这道菜看上去不起眼，制作过程却极为精细复杂，先要将大米洗净晾干，加八角、桂皮、白芝麻、花椒用文火慢炒，至米黄色出香，出锅吹凉，碾成细粉，然后再将上好的配料一起用上锅，用菜籽油翻炒，加入高汤，再将米粉缓慢地搅拌掺入，至米糊状，文火慢炖后再用猪油炒均匀起锅，撒上佐料。

二、制作原料

主配料：干香菇10克，火腿20克，茶笋干20克，五城豆腐干10克，小葱5克，绩溪米粉150克，红椒10克。

调辅料：精盐3克，味精2克，鸡粉5克，鸡油15克，花雕酒5克，一品鲜酱油10克。

三、工艺流程

主辅料切配→炒制辅料→调味烧开→煮制糊化→鸡油增香→成品摆盘。

四、制作过程

1. 茶笋干、香菇干提前泡发并切成小粒，豆腐干切粒，小葱切葱花，火腿、红椒切粒。水烧开放入茶笋干粒、香菇粒，花雕酒煮一会去除异味，再用凉水冲洗。

2．锅上火划油，下火腿粒炒香，再放入香菇粒、豆腐干粒、茶笋干粒炒香，加适量的高汤，倒入炒米粉推散，加老抽调色，烧开调小火，边煮边用手勺搅以免粘锅，放盐、鸡粉、味精调味，从锅边淋油。熬煮到米粉充分糊化即可，再放鸡油增香。

3．撒葱花、红椒粒。

五、操作要点

1．放米粉水温要小于50℃，防止米粉有结块不易打散。

2．边煮边用手勺推搅以免粘锅。

六、重点过程图解

图3—7—1　食材准备

图3—7—2　准备配料

图3—7—3　配料炒制

图3—7—4　加入米粉调味

图3—7—5　出锅摆盘

七、感官要求

表3—7—1　绩溪炒米粉菜肴成品感官要求

项目	要求
色泽	油光发亮
气味	鲜香
味道	地方风味浓厚
质地	自然形态
形态	软糯、略有弹性

八、营养分析

表3—7—2　绩溪炒米粉主要原料营养分析

营养分析	米粉	除富含淀粉外，还含有蛋白质、脂肪、维生素及10多种矿物质，能为人体提供较全面的营养
	香菇	为高蛋白、低脂肪食材，含有多种维生素、矿物质及香菇多糖等独特营养成分
	茶干	大豆蛋白质属完全蛋白质，易消化吸收，富含人体需要的8种必需氨基酸；含有丰富的蛋白质及脂肪、碳水化合物、钙、磷
	笋	富含膳食纤维、多种维生素（如维生素 B_1、维生素 B_2）及矿物质（如钾、钙、镁）等
	火腿	含多种氨基酸、维生素和矿物质，以及丰富的蛋白质和适度的脂肪

知识链接

表3—7—3　各种炒法的对比

种类	定义	工艺流程	特点
生炒	加工的小型生料经腌渍、上浆或直接用旺火热油经短时间加热、调味成菜的炒法	选料→切配→快速炒制→装盘	充分体现原料自身的质地特点，香气浓郁
滑炒	加工成小型的原料，经上浆、滑油后，再回锅调味，勾芡成菜的炒法	选料→切配→上浆→滑油→调味勾芡→装盘	易取得滑、嫩、脆、爽的烹调效果，是运用最广泛的炒法
干煸	加工成细小的生料，直接用油温较低的少量油进行较长时间的加热，经调味、浓缩水分，使菜品口感酥香的炒法	选料→切配→较长时间搅炒→装盘	原料表层质感酥香有嚼劲、味厚是干炒煸特色
熟炒	预制的断生、半熟或全熟的原料，经切配、旺火热油加热、调味而成菜的炒法	选料→初步熟处理→切配→调味炒制→装盘	扩大了炒菜的用料范围，丰富了菜肴的花色品种。熟炒香气浓郁、滋味醇厚、口感多样
软炒	液体原料中掺入调料、辅料拌匀，用中小火、少量温油加热炒制而凝结成菜的炒法	选料→液体原料加调料、辅料拌匀→炒制凝结→装盘	菜肴以软嫩著称，故称软炒

拓展阅读

淀粉的品质检验与保管

淀粉的品质因不同的加工原料而有差别，因此，对淀粉的品质检验，除了考虑其固有的品质外，应该从淀粉的加工纯度、是否有其他杂质以及水量等方面加以检验。淀粉的纯度越高，杂质越少，含水量越低，其品质也越好。

对淀粉的保管应注意防潮与卫生。干淀粉吸湿性很强，保管时间过长或保管空气湿度过大，都易因吸收空气中水分而受潮变质。干淀粉也极易吸收异味，所以干淀粉应存放在干燥的地方并尽量缩短存放时间。湿淀粉一时用不完应勤换水，加盖放置，避免污物入内，换水时应先将淀粉和水搅和，待淀粉沉淀后，再倒掉，换上清水。平时须把湿淀粉放在阴凉的地方，避免在高温和闷热的环境中存放，防止湿淀粉受热发酵而变酸，一旦发酵变酸就不能使用，否则菜肴也有酸味。

任务[illegible]　问政山笋

一、菜肴介绍

问政山笋为徽州山菜珍品，因出产于问政山而得名。问政山笋属毛竹笋。《徽州通志》载："笋出徽州六邑，以问政山者味尤佳。"该笋在历史上曾被列为贡品，有"问政山笋甲天下"之美誉。问政山笋箨红薄而笋肉白，笋质脆、嫩，掷地即碎。其营养丰富，富含蛋白质、脂肪、糖、钙、硒、铁和维生素等，为竹笋之上品。清代汪微在《诗论》中描述徽州家乡风味时曾写道："群夸北地黄芽菜，自爱家乡白壳苗"，指的就是问政山笋。

相传在江浙一带经商的徽州人，喜食家乡风味，每年开春都要家人挖笋送去。白壳苗及其笋尚中或刚破土，笋尖呈嫩黄色，其质最佳；若出土三日以上者，笋尖呈绿色，即称无头冲，笋味稍次。为了保持笋的鲜味，人们往往将笋衣剥掉，笋块放入砂锅，连锅一起中转传送，或在船上用炭火文火清炖，昼夜兼程运送。船至笋熟，打开砂锅即食，笋味微甜，脆嫩可口，如同鲜笋一样。南宋时问政山笋传入京城临安（今杭州），朝廷曾下令进贡，指定问政山笋为贡笋。

二、制作原料

主配料：问政山笋1000克。

调辅料：火腿250克，味精3克。

三、工艺流程

火腿改刀焯水→问政山笋改刀焯水→炖煮→加味精调味→装盘成型。

四、制作过程

1. 火腿改刀，焯水后放入煲中待用。
2. 问政山笋剥壳改刀，切成片状。
3. 笋片焯水，放入煲中。
4. 大火烧开，小火慢炖2小时，加味精后装盘成型。

五、操作要点

1. 冬笋要焯水。

2. 大火烧开，小火慢炖2小时。

3. 小火收汁。

六、重点过程图解

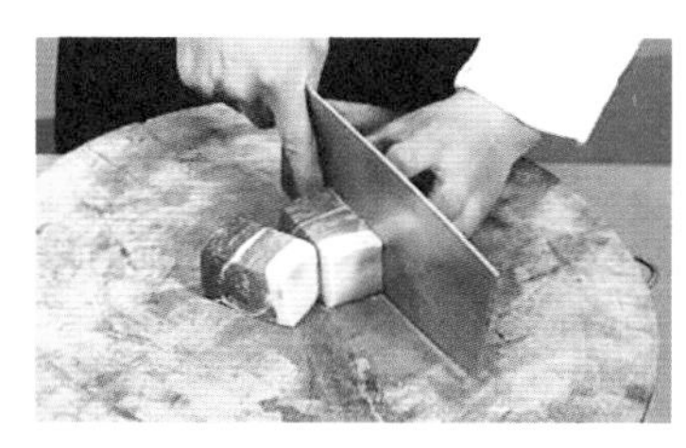

图3—8—1　火腿改刀焯水

图3—8—2　剥壳改刀

图3—8—3　冬笋焯水

图3—8—4　冬笋与腊肉炖煮

图3—8—6　装盘定型

七、感官要求

表3—8—1　问政山笋菜肴成品感官要求

项目	要求
色泽	笋肉洁白，汤汁微黄
气味	具有火腿的浓香味
味道	香鲜入味透，回味甘甜
质地	质地脆嫩
形态	片状，不破不碎；盛器的规格形式和色调与菜点配合协调

八、营养分析

表3—8—2　问政山笋主要原料营养分析

营养分析	笋	富含膳食纤维、多种维生素（如维生素B_1、维生素B_2）及矿物质（如钾、钙、镁）等
	火腿	含多种氨基酸、维生素和矿物质，以及丰富的蛋白质和适度的脂肪

知识链接

笋

笋在我国自古被当作“菜中珍品”，在营养上，过去有不少人认为笋味道虽然鲜美，但是没有什么营养，有的甚至认为“吃一餐笋要刮三天油”。这种认识是不准确的。每100克鲜竹笋含干物质9.79克、蛋白质3.28克、碳水化合物4.47克、纤维素0.9克、脂肪0.13克、钙22毫克、磷56毫克、铁0.1毫克，多种维生素和胡萝卜素含量比大白菜含量高一倍多；而且竹笋的蛋白质比较优越，人体必需的赖氨酸、色氨酸、苏氨酸、苯丙氨酸，以及在蛋白质代谢过程中占有重要地位的谷氨酸和有维持蛋白质构型作用的胱氨酸，都有一定的含量，为优良的保健蔬菜。

中医认为笋味甘、微寒，无毒。在药用上具有清热化痰、益气和胃、治消渴、利水道、利膈爽胃等功效。尤其是江浙民间以虫蛀之笋供药用，名“虫笋”，为有效之利尿药，适用于浮肿、腹水、脚气足肿、急性肾炎浮肿、喘咳、糖尿病、消渴烦热等，嫩竹叶、竹茹、竹沥均作药用。笋还具有低脂肪、低糖、多纤维的特点，食用笋不仅能促进肠道蠕动，帮助消化，去积食，防便秘，并有预防大肠癌的功效。笋含脂肪、淀粉很少，属天然低脂、低热量食品，是肥胖者减肥的佳品。养生学家认为，竹林丛生之地的人们多长寿，且极少患高血压，这与经常吃笋有一定关系。

任务7 干贝萝卜

一、菜肴介绍

干贝萝卜是徽州传统蒸菜，其特点是清淡、甘鲜、爽口。萝卜含有较多维生素，还有一定的淀粉酶，它与海产干贝同炖，鲜味互补，汤汁清醇。民谚云：“冬吃萝卜夏吃姜，不劳医生开药方。”此菜用于筵席之中，与油腻之菜肴并席，既能调适口味又有助消化。

二、制作原料

主配料：干贝30克，萝卜600克，火腿100克。

调辅料：葱6克，生姜7克，淀粉4.5克，黄酒15毫升，调和油50毫升。

三、工艺流程

主辅料初加工→火腿、干贝码盘→蒸制→倒扣装盘→勾芡成型。

四、制作过程

1．用模具将白萝卜压出形状并焯水。
2．火腿修出形状，切片。
3．干贝撕碎。
4．碗中抹猪油将火腿片、干贝依次码摆上。

5. 码摆萝卜片，撒上干贝后蒸制。
6. 倒扣盘子脱模勾芡后，装盘定型。

五、操作要点

1. 白萝卜、火腿要做出相应形状。
2. 注意造型。

六、重点过程图解

图3—9—1　白萝卜成型

图3—9—2　火腿修型切片

图3—9—3　码上火腿片和干贝

图3—9—4　码上萝卜后撒干贝

图3—9—5　倒扣脱模

图3—9—6　勾芡后装盘定型

七、感官要求

表3—9—1　干贝萝卜菜肴成品感官要求

项目	要求
色泽	干贝呈象牙黄，萝卜白色，火腿片红亮
气味	干贝鲜香，萝卜清香
味道	咸鲜，清醇
质地	润滑质软
形态	半球形；盛器的规格形式和色调与菜点配合协调

八、营养分析

表3—9—2 干贝萝卜主要原料营养分析

营养分析	干贝	含有丰富的蛋白质、多种维生素和钙、磷等矿物质
	白萝卜	含多种酶、微量元素和丰富的维生素C、膳食纤维等
	火腿	含多种氨基酸、维生素和矿物质，以及丰富的蛋白质和适度的脂肪

知识链接

干贝质量鉴别

干贝的加工方法是用刀从扇贝足丝孔伸入两壳之间，紧贴右壳把闭壳肌从壳上切离，剥去外套膜及内脏，用刀将闭壳肌从左壳切下，放入少量淡盐水中洗净，然后煮熟，晒干。质量好的干贝应整体完整，粒大，色泽金黄，表面无盐霜，有特殊的浓香味。广东人称粒大、整体完整的为“柱甫”，称粒小、散开的为“碎柱”。

拓展阅读

火腿小知识

火腿是经过盐渍、烟熏、发酵和干燥处理的腌制猪腿，因为其肉色鲜红似火而得名火腿，又名“火肉”“兰熏”，是中华民族传统特色美食，被誉为“时间的馈赠”。火腿色泽鲜艳，红白分明，瘦肉香咸带甜，肥肉香而不腻，美味可口。著名的火腿品牌有金华火腿、邓诺火腿、宣威火腿、云南叫雨山火腿、湖北大派火腿等。

火腿作为一种传统的肉制食品，可以为人体提供日常生活所需要的大量蛋白质、脂肪、碳水化合物等各种矿物质和维生素等营养，还具有吸收率高、适口性好、饱腹性强等优点，适合加工成多种佳肴。

火腿作为一种美食有健脾开胃、生津益血的功能，能治疗虚劳怔忡、胃口不开、虚痢久泻等症，还具有滋肾填精的作用。

火腿一般人群均可食用，适宜气血不足、脾虚久的人群，不适合老年人、胃肠溃疡者；急慢性肾炎、浮水肿、腹水、感冒未愈、湿热泻痢、积滞未尽、腹胀痞满者也应忌食火腿。

模块四　水产类原料名菜

微课　红烧划水

任务一　红烧划水

一、菜肴介绍

“划水”是指鱼的尾巴。红烧划水是以鱼尾巴所做的红烧鱼菜。鱼在畅游时，以尾巴摆动推进，谓之“划”，如同小船以划桨而维持前进。称鱼尾为划水，既形象又名副其实，此乃中国饮食文化的妙处。徽州方言中“划”与“发”谐音，故“红烧划水”也称“烧发水”。这是早年上海徽馆厨师们根据当地人喜食活肉而创制的鱼菜。此菜所用的原料有草鱼、青鱼等，因青鱼的尾鳍所含胶质层较厚，所烧制的味道更加鲜美，是以青鱼做“划水”为佳。宴席中上此菜，蕴含“发达”“发财”“发家”和“有余”的意思。

在徽菜馆中，这一招牌菜又称“徽式烧鱼”“青鱼划水”，是徽菜馆中的传统名菜，也是徽菜中的经典鱼肴之一。红烧划水是选用鲜活之青鱼，不用油煎，仅以少量油滑锅即加调味品在五六分钟内烧成。由于采用急火、短时、快烧的徽菜烧鱼的独特烹饪技艺，鱼体内的水分不致损失，不仅能保持鱼肉鲜嫩无比，还能保持鱼肉的原汁原味，是最能体现徽菜烹饪特点的菜肴之一。

二、制作原料

主配料：青鱼尾350克，姜片15克，青蒜10克。

调辅料：精盐3克，酱油20克，绍酒20克，白糖2克，湿淀粉10克，骨汤150克。

三、工艺流程

主辅料洗净切配→姜蒜煸香→旺火烧制→勾芡→装盘成菜。

四、制作过程

1. 取活青鱼宰杀洗净后从肛门处剁下尾巴，用刀沿脊骨批至尾，再直斩两刀，使得尾巴成条相连，形似扇形。

2. 锅置旺火上放油烧热，下鱼尾、姜末、绍酒、酱油、白糖、精盐、骨汤，加盖烧大5~6分钟，用竹签扎一下，感觉肉离骨即可，后再用湿淀粉勾芡，淋入明油，晃锅后装盘，撒上葱花即可。

五、操作要点

徽式烧鱼不挂糊、不上浆、不腌、不煎炸，只要滑锅后，立即加调味料，旺火加盖急烧几分钟，保持新鲜。

六、重点过程图解

图4—1—1　处理配料

图4—1—2　食材处理

图4—1—3　辅料炒香

图4—1—4　调味放入主食材

图4—1—5　勾芡

图4—1—6　装盘成型

七、感官要求

表4—1—1　红烧划水菜肴成品感官要求

项目	要求
色泽	青鱼色泽红亮，鱼尾油润
气味	具有一种纯正的鲜香味
味道	咸鲜味美，香鲜透骨
质地	肉滑鲜嫩
形态	鱼划水交叉摆放，条形完整，不破不碎；盛器的规格形式和色调与菜点配合协调

八、营养分析

表4—1—2　红烧划水主要原料营养分析

营养分析	草鱼	富含蛋白质、多种维生素、矿物质及不饱和脂肪酸等

知识链接

如何挑选草鱼

1. 优质的草鱼体形瘦长、匀称，腹部扁平、饱满不下垂；通体一色，表皮不能发黄，尾巴不能发青。饲料饲养的草鱼则个体大，腹部膨大、下垂。

2. 优质的草鱼眼睛清澈透亮、略微凸起，不能有浑浊和淤血。

3. 优质的草鱼鱼鳃颜色为红色或粉红色，不要选黑红色。

4. 优质的草鱼活泼好动，抓的时候非常有劲。

5. 优质的草鱼肉质结实、味道鲜美，烹制不易破损；而饲料饲养的草鱼肉质松散、腥味较浓。

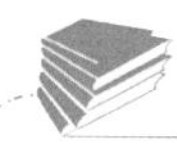

拓展阅读

改良农家乡土菜

乡土菜现在在各地都卖得不错，改良农家乡土菜就成了创新菜肴的新思路。

普通乡村菜馆制作的菜肴，很多人都非常喜欢，口味也很不错，只是从装盘到色泽、刀工都显得有些粗糙。其实，菜品的创新不在于原料的高档、造型的优美、颜色的好看等等，主要看是否能够体现出一个菜肴最自然的一面，这也是乡土菜能够走红的原因之一。

酱猪头是将猪头肉放到卤水里卤熟，取出后放在大酱里腌渍15分钟，待肉质腌渍入味后再取出改刀成整齐的片，撒上香菜、葱、蒜即可。这道菜肴经过大酱腌渍后，更符合大众口味。

原料：猪头1个（重约4000克），白卤水6000克，黄豆酱1000克，蒜汁100克。

制作：①猪头用烧热的烙铁烫去毛，放入清水中浸泡10分钟，取出后刮洗净上面的污渍，放入白卤水中大火烧开后改用小火煮3小时，取出后将肉剔下；②将剔下的肉放入清水中冲洗两次（目的是去掉多余的油脂），控水后放入松鹤酱糕中浸泡1~2周（夏天可放冰箱内浸泡1周即可，冬天需要浸泡2周）；③将浸泡后的猪头肉取出，用凉水冲洗净表面的酱糕，改刀成厚0.2厘米的大片，跟蒜汁一起上桌蘸食。

特点：酱香浓郁，朴实自然，乡土气息浓厚。

白卤水的制作：锅内放入清水10千克，大火烧开后放入桂皮20克、香叶5克、陈皮10克、花椒15克、八角20克、盐40克，大火烧开后用小火煮3小时即可。

任务二 葡萄鱼

一、菜肴介绍

葡萄原产西亚，据说是汉朝张骞出使西域时经丝绸之路带入我国的。葡萄含糖量达8%～10%，此外它含有多种无机盐、维生素以及多种具有生理功能的物质。葡萄含钾量也相当丰富。用葡萄酿酒古已有之，唐代即有“葡萄美酒夜光杯”的著名诗句。

淮北平原土地肥沃，气候温和，是广植葡萄的地区。萧县素有“葡萄之乡”的美誉，据记载，萧县栽培葡萄已有1000多年的历史，为全国四大葡萄基地之一。萧县葡萄品种繁多，有近百个，其中尤以“玫瑰香”和“白羽”为最佳。用萧县葡萄酿制的萧县葡萄酒，营养丰富，醇香浓郁，柔和爽口，回味绵长，具有浓郁的果香和陈酒醇香。

在萧县葡萄美酒的启迪下，淮北厨师独具匠心，以青鱼为主要原料，配以酿酒的葡萄原汁，仿整串萄形烹制而成徽菜名品“萧县葡萄鱼”。葡萄鱼横放在盘中，“葡萄”粒粒饱满，表皮松酥，肉质细嫩，甜酸可口，香味浓郁，乃淮北传统名菜。

二、制作原料

主配料：带皮青鱼肉350克，青菜叶4片，玉米淀粉25克，葡萄原汁50克，鸡蛋2个，面粉25克。

调辅料：醋35克，白糖70克，酱油25克，小葱段10克，葱叶4片，精盐1克，湿淀粉50克，调和油500克。

三、工艺流程

主辅料洗净切配→花刀处理→油炸定型→勾芡→装盘成菜。

四、制作过程

1. 取带皮净青鱼肉，修成肉面宽、皮面窄的长条形，且一头略宽，一头略窄。

2. 从肉面下刀，刀距1厘米，深至鱼肉五分之四，先用斜刀剞上刀花，再横着剞直花刀，放大盘内，加精盐、绍酒、葱姜汁腌制20分钟。

3. 鱼身涂上蛋液，滚匀玉米淀粉，抖开刀花。

4. 锅置旺火上，油烧至六成热时下入鱼肉炸至淡黄色，至鱼皮收缩，刀花张开如粒粒葡萄，捞出装入盘中。

5. 另取锅置旺火上，下白糖、精盐、鲜葡萄汁烧沸，勾芡搅匀，迅速浇在炸好的鱼身上即好。

五、操作要点

选料要严格，刀工要细，腌制要恰到好处，火候运用恰当，剞刀要均匀。

六、重点过程图解

图4—2—1　修整成型

图4—2—2　剞刀花

图4—2—3　裹蛋液

图4—2—4　裹玉米淀粉

图4—2—5　油炸定型

图4—2—6　装盘成型

七、感官要求

表4—2—1　葡萄鱼菜肴成品感官要求

项目	要求
色泽	鱼呈红色，明油亮芡
气味	具有一种纯正、持久、特殊的葡萄汁的果香味
味道	甜酸适口
质地	外酥里嫩
形态	形似整串葡萄，颗粒饱满，不破不碎；盛器的规格形式和色调与菜点配合协调

八、营养分析

表4—2—2　葡萄鱼主要原料营养分析

营养分析	草鱼	富含蛋白质、多种维生素、矿物质及不饱和脂肪酸等
	葡萄原汁	含多种果酸助消化；含矿物质钙、钾、磷、铁以及维生素 B_1、维生素 B_2、维生素 B_6、维生素C和维生素P等；含多种人体所需的氨基酸，常食用对改善过度疲劳、神经衰弱大有裨益
	鸡蛋	含有丰富的蛋白质，含多种重要的矿物质（铁、钾、钠、镁），含丰富的维生素A、维生素 B_2、维生素 B_6等

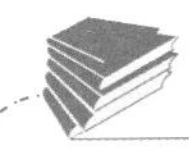

知识链接

常用酸甜汁的调制方法（二）

1. 橙花汁

原料：鲜橙6个、浓缩橙汁400克、白醋500克、白糖500克、浓缩青柠汁150克、度酒200克、精盐10克。

调制方法：将鲜橙去皮，果肉榨成果汁，加入其他原料入汤桶烧沸即可。

2. 西柠汁

原料：浓缩柠檬汁500克、白糖600克、精盐50克、白醋600克、清水600克、牛油150克、鲜榨柠檬汁300克、吉士粉25克。

调制方法：将上述原料放入汤桶中煮沸即可。

3. 梅子汁

原料：梅子750克、阳江豆豉400克、虾米150克、瑶柱150克、糖醋汁100克、鲜柠檬汁300克、九制陈皮350克、蒜蓉150克、干葱蓉100克、红椒米50克、味精100克、鸡精100克、清水200克、生油200克。

调制方法：首先将梅子去核并与瑶柱、虾米搅拌成蓉，九制陈皮切成细粒；然后猛火烧锅下油，放入蒜蓉、干葱蓉爆香，加入其余原料煮沸即可。

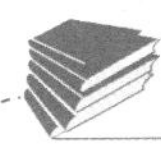

拓展阅读

菜点创新小知识

民间的乡土风味菜品，是烹饪王国里盛开的小花，开遍了祖国的山山水水，开放在华夏大地万户千家，它散发出诱人的芳香，是现代烹饪采掘不尽的源泉，是菜品创新的无价之宝。民间风味的采掘不是依样画葫芦的照搬，而是提炼、升华，使其成为雅俗共赏的风味特色菜品。

荞麦葱油饼是困难时期普通百姓的家常食品。荞麦含有丰富的微量元素及维生素，其含有的铬是防止糖尿病的重要元素，含有的维生素E及硒有良好的抗衰老作用。

原料：荞麦面500克，香葱50克，精盐5克，味精2克，色拉油500克。

制作：①将荞麦面放案板上，中间扒一小坑，倒入开水250克拌和，揉制成面团；②香葱干净，切成葱末；③将面团切成小块，搓揉成长条，压扁后用擀面杖擀成长方形面皮，用油刷刷一层油后，撒上精盐、味精、香葱末，从一端卷起成长卷，再逐一摘成剂子，将剂子上下竖起，压扁再擀成圆饼；④取平底锅烧熟，倒入色拉油，待油温升至四成热时，放入圆饼煎至两面金黄，香熟，捞起改刀装盘，上桌即可食用。

特点：葱香扑鼻，清新可口。

任务二 清汤鱼丸

微课 清汤鱼丸

一、菜肴介绍

清汤鱼丸是一道以草鱼和肥膘肉为主料的菜肴，烹饪技法以氽为主，属于咸鲜味型。将草鱼取肉和肥膘肉一起剁成泥，加蛋清调味后搅打至有黏性，挤鱼丸下锅汆制，用高汤再将鱼丸和配菜煮沸调味。草鱼中含有蛋白质、脂肪、钙离子、磷离子、铁离子等多种营养成分，摄入体内之后，可以有效地为机体的代谢提供能量、增加骨骼的强度，促进食欲。草鱼中的不饱和脂肪酸可以降低血压、降低血脂，对于心脑血管疾病有一定的预防作用。草鱼中所含有的硒元素，能养颜美容，抗衰老，并有一定的防治肿瘤的功效。草鱼有滋补、开胃的功效，有利于体质虚弱、胃口不佳的人食用。此菜肴考验火候和水温的把握，菜品汤汁清亮，香甜爽口，有益胃健脾、养血补虚之效。

二、制作原料

主配料：净草鱼肉300克，鸡蛋2个，肥膘肉50克，莼菜30克。

调辅料：精盐3克，味精3克，麻油5克。

三、工艺流程

主辅料洗净切配→制蓉→成型→高汤烧制→装盘成菜。

四、制作过程

1. 鱼肉和肥膘肉分别剁成泥，加入蛋清和水搅打后加入盐和味精，继续打至起黏性。

2. 锅里放清水，温水将鱼蓉挤成丸子放入锅中，缓慢加热至鱼丸成熟。

3. 锅里加高汤，放入洗净的莼菜，烧沸后调味，加入鱼丸，滴入麻油即可。

五、操作要点

1. 制作鱼丸时一定注意不要先放盐再加水，如果先加盐搅拌鱼蓉，就会影响鱼蓉的吸水量，鱼丸加热后表面不光滑，弹性不足，味感不鲜美。

2. 鱼丸要温水下锅，用慢火温水浸至熟，如果水温过高，鱼丸表层迅速吸水膨胀，出锅后易出现蜂窝，失去鲜嫩感。

六、重点过程图解

图4—3—1　食材准备

图4—3—2　熬制高汤

图4—3—3　草鱼切片腌制

图4—3—4　鱼片搅成鱼蓉

图4—3—5　制作鱼丸下锅

图4—3—6　装盘成型

七、感官要求

表4—3—1　清汤鱼丸菜肴成品感官要求

项目	要求
色泽	洁白如玉
气味	具有鱼肉浓香
味道	鲜香
质地	口感滑嫩
形态	盛器规格形式和色调与菜点配合协调

八、营养分析

表4—3—2　清汤鱼丸主要原料营养分析

营养分析	草鱼	富含蛋白质、多种维生素、矿物质及不饱和脂肪酸等
	猪肉	含有丰富的蛋白质及脂肪、碳水化合物、钙、磷、铁等成分，可提供血红素（有机铁）和促进铁吸收的半胱氨酸，能改善缺铁性贫血
	鸡蛋	含有丰富的蛋白质，含多种重要的矿物质（铁、钾、钠、镁），含丰富的维生素A、维生素B_2、维生素B_6等

知识链接

鱼缔制作技巧

1. 制蓉。在制作鱼缔时，在砧板上垫一块鲜肉皮，再将鱼肉放于鲜肉皮的上面排斩，这样可以避免木屑混入鱼肉中，影响色泽和口味。

2. 温度。温度是影响鱼肉筋力大小的一个重要的因素，制作鱼缔加水时，采用冰水代替常温的水会更容易使鱼肉产生筋力和增加鱼蓉的吃水量。另外，制好的鱼缔放入冰箱冷藏30分钟后再使用，制成的成品质感更佳。

3. 食盐。食盐是一种强电解质，适量的食盐使鱼缔中水溶液的渗透压增大，促进蛋白质吸水，使成菜口感嫩滑爽口；但加盐量应根据鱼缔的吃水量来定，若加盐量过多，则会起到盐析作用，使蛋白质胶体脱水，出现吐水现象，不但不能使鱼缔上劲，反过来还会使已经上劲的鱼缔退劲。

4. 淀粉。淀粉在鱼缔中发挥着重要的作用。在鱼缔受热过程中，淀粉会大量吸水并膨胀，在鱼缔内形成具有一定黏性的胶状体，从而使鱼缔的持水性进一步增强，保证了鱼缔的嫩度，使菜肴在加热中不易破裂、松散。值得注意的是，只有选用优良的高质淀粉，糊化时才能产生透明的胶状物质，从而增强菜肴的光亮度及可塑强度；另外淀粉的用量必须根据鱼缔黏度灵活把握，过多会使鱼缔失去弹性、口感变硬。

5. 蛋清。蛋清有助于鱼缔的凝固成型，对成菜的色泽和风味均有所帮助。因为蛋清含有卵黏蛋白，调制鱼缔时加入蛋清，可增强鱼缔的黏性，提高其弹性、嫩度以及吸水能力，还会使菜肴更加洁白、光亮，提高营养价值。

6. 油脂。为了保证鱼缔成菜后鲜嫩滑爽，大多数鱼缔在调制后须掺入适量的油脂，以增加制品的香味和光亮程度。通过搅拌，在力的作用下油脂可发生乳化作用，形成蛋白质与油脂相溶而成的胶凝，使菜品形态饱满、油润光亮、口感细嫩、气味芳香。掺油应放在鱼缔上劲之后，并且用量不宜过多。

7. 水。水是保证鱼缔成菜后鲜嫩的一个关键环节，应根据季节、气温的变化灵活掌握水的用量。水应分数次掺入，使水分子均匀地与蛋白质分子表面亲水极性端相接触，并充分融合，保证鱼缔达到足够的嫩度。

8. 搅拌。鱼缔脆嫩的质感要通过搅拌实现。为提高鱼缔质量，在搅拌时不宜一次性投料，而应该按照程序来加入。一般应先加水，使鱼缔吸足水分后再加入食盐及去腥调料，搅至黏稠；然后加入适量的蛋清和湿淀粉，以增强鱼缔的黏性；接着再次加入调料以确定最终味型；最后加入油脂搅拌均匀。在搅打上劲时应朝着同一个方向，先慢后快逐渐加速，在夏天气温较高时不宜直接用手搅打，最好使用蛋抽，以防鱼缔受到手上温度的影响而降低吸水量、难以上劲。

拓展阅读

熬制奶汤技巧

奶汤乳白醇鲜、色味俱佳，是烹制某些菜肴的必备原料，也是一些名菜的特殊风味形成的重要原因。鲜汤呈白色是脂肪乳化的结果，将脂肪加入水中，水在旺火加热的状态下沸腾，脂肪剧烈震荡，逐渐被粉碎成微小的脂肪球而和水充分混合，这些微小的脂肪球在水中对光线有反射和折射的作用，致使汤汁发白。因此，在奶汤制作过程中，脂肪、水、旺火加热是必备的物质条件。

但是，仅仅如此就足够了吗?有人做了这样的实验，将适量的猪油放入翻滚的开水中旺火加热几分钟，清澈透明的开水变成浓白的汤汁。然而，放置一段时间后，奶汤出现了分层状态，实践证明，只有脂肪和水的乳状液是不稳定的，会在很短的时间内分层。那如何让奶汤稳定呢?这就需要奶汤中有足够的脂肪球的载体，这个载体就是明胶。制汤原料中的胶原蛋白在持续加热下被逐渐水解为明胶而溶于汤中，明胶分子能与脂肪球形成一种特殊的结构，在汤水中成为稳定的乳状液，增加奶汤的稳定性。因此，制作奶汤不仅需要有脂肪、水、旺火加热，还需要有富含胶原蛋白的原料及充足的加热时间。

任务四　香酥鱼条

一、菜肴介绍

香酥鱼条，其主要特点是菜肴香、酥并存。成品鱼呈酱黄色，醇香爽口，色味俱佳。香酥鱼条含有丰富的钙、磷、铁等多种矿物质元素。

香酥鱼条以草鱼作为主要原料。中医上认为草鱼具有暖胃和中的功效。每100克草鱼可食用部位含蛋白质15.5～26.6克、脂肪1.4～8.9克、钙18～160毫克、铁0.7～9.3毫克、磷30～312毫克、硫胺素0.03毫克、核黄素0.17毫克、烟酸2.2毫克。

二、制作原料

主配料：草鱼500克。

调辅料：精盐4克，味精3克，葱10克，香脆椒50克，蛋黄15克，蒜5克，调和油550克。

三、工艺流程

主辅料洗净切配→腌制上浆→炸制→加配料翻炒→装盘成菜。

四、制作过程

1．草鱼宰杀洗净去骨去胸刺，取净肉，改刀成5×1×1厘米规格的条状，加生姜、盐、味精腌制20分钟；

2．鱼条加蛋黄按一个方向搅拌上劲；

3．锅内加油，烧七成热，下鱼条炸制，炸制到口感酥脆、表面金黄色时捞起；

4．锅内加底油，加香脆椒稍作煸炒，然后倒入炸好的鱼条翻炒均匀，撒葱花炒制出锅。

五、操作要点

1．刀工处理的鱼条要粗细均匀，如小拇指粗细。

2．油炸鱼条时温度要控制好，炸制金黄色表面起酥皮为宜。

六、重点过程图解

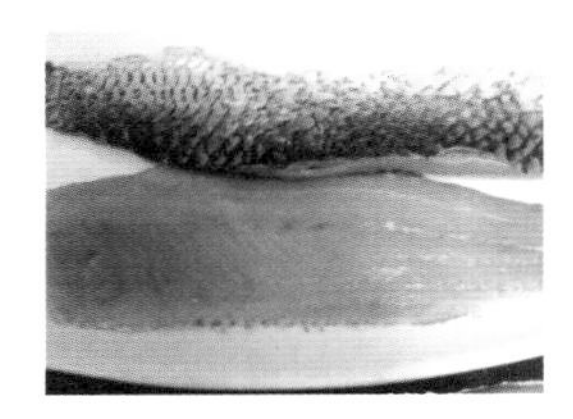

图4—4—1　鱼取净肉

图4—4—2　改刀成鱼条

图4—4—3　腌制上浆

图4—4—4　下锅炸制

图4—4—5　下锅翻炒

图4—4—6　装盘成型

七、感官要求

表4—4—1　香酥鱼条菜肴成品感官要求

项目	要求
色泽	色泽金黄
气味	香味适宜扑鼻
味道	咸辣适中，口味纯正
质地	鱼条口感酥脆
形态	条形完整、不破不碎，盛器的规格形式和色调与菜点配合协调

八、营养分析

表4—4—2　香酥鱼条主要原料营养分析

营养分析	草鱼	富含蛋白质、多种维生素、矿物质及不饱和脂肪酸等
	鸡蛋	含有丰富的蛋白质，含多种重要的矿物质（铁、钾、钠、镁），含丰富的维生素A、维生素B_2、维生素B_6等

知识链接

鱼肉去腥的方法

“水居者腥，肉玃者臊、草食者膻”。鱼肉虽然好吃，但是鱼的腥味让许多人对它避之不及，那么如何去掉鱼腥味呢？下面介绍几个鱼肉去腥的方法。

方法一：去掉鱼线。在鱼的身体的靠近鱼头大约一指的部位用刀横着划一刀，用手捏鱼线，轻轻拍打鱼身，把鱼线取出。

方法二：去掉鱼牙。鱼牙很腥，做鱼之前必须去掉。

方法三：加入适量的酒。烹调鱼肉时加入啤酒或白酒，利用酯化反应产生的香气掩盖鱼腥味。

方法四：加入适量的醋及带酸味的配料。烹调鱼肉时可加入少许食醋或配以酸味的原料等给鱼去腥提鲜。

拓展阅读

烹饪里的新宠儿——空气炸锅

传统油炸食品中添加较多的油，通过水的沸点比油低的原理，使得食物表面的水分通过被热油传导热量而快速蒸发，在外皮形成酥脆的脆皮层。

时下兴起了低糖低脂的饮食方式，宣扬无油炸的空气炸锅一时间受到了大众的追捧。其基本原理是：空气炸锅内部依靠热管提供热量，大功率风扇提供循环的气流，即高速空气循环技术，通过流动的高温风接触食物表面，使食物表面的水分达到沸点蒸发掉，快速脱水，同时形成一个外皮壳（脆皮）。除了热风外，在加热过程中，如果食物自身带有脂肪，那么受热后脂肪变成油脂流到食物表面，即达到与油炸类似的效果。

任务五 徽州臭鳜鱼

微课 徽州臭鳜鱼

一、菜肴介绍

徽州臭鳜鱼又名“腌鲜鳜鱼”“腌鲜鳜”，是徽州传统名菜。所谓“腌鲜”，在徽州土话中就是臭的意思。其实，“臭”鳜鱼是生“臭”熟香，并非真臭。此菜闻起来臭，吃起来香，既保持了鳜鱼的本味原汁，鱼肉又醇厚入味，同时骨刺与鱼肉分离，香鲜透骨，鱼肉酥烂成块状，别有风味。

相传200多年前，皖江一带的贵池、铜陵、大通等地商贩每年入冬将长江名贵水产鳜鱼以木桶装运至山区出售（至今祁门一带仍称“桶鱼”）。商贩在途中为防止鲜鱼变质，采取摆一层鱼洒一层淡盐水的办法，并经常上下翻动，如此七八天才抵达屯溪等地。此时鱼鳃仍是红色，鳞不脱，质未变，只是表皮已散发出一种似臭非臭的特殊气味，而洗净后经热油稍煎，细火烹调，非但没有异味，反而鲜香无比，因而广为流传。后成为慈禧的御膳，是徽式风味名菜的经典之作，至今盛誉不衰。中外客人都以一尝臭蹶鱼的美味为快事。

据历史记载，著名徽菜徽州臭鳜鱼所使用的原料是产于贵池秋浦河的“秋浦花鳜”。如今烹制此菜不再使用桶鱼，而是用新鲜的徽州自产桃花鳜（每年桃花盛开、春汛发水之时，此鱼长得最为肥嫩，故名），用盐或浓鲜的肉卤腌制，再用传统的烹调方法烧制，故称“腌鲜鳜”。

二、制作原料

主配料：腌制鳜鱼1条（净重约500克），猪五花肉25克，熟笋35克。

调辅料：精盐4克，味精3克，白糖2克，酱油15克，绍酒10克，淀粉10克，姜末15克，青蒜15克，调和油550克。

三、工艺流程

主辅料洗净切配→煎制→旺火烧制→勾芡→装盘成菜。

四、制作过程

1. 将腌鳜鱼去鳞、鳃，剖腹去内脏洗净，在鱼身两面各划几道斜刀花，晾干。

2. 猪肉、笋切片，青蒜切成6厘米长的段备用；锅置旺火上，放入猪油，烧七成热时投入鱼煎制，待两面呈浅黄色时倒入漏勺控油。

3. 原锅留油少许，下入猪五花肉片、冬笋片略煸，放入鱼，加酱油、白糖、姜末、绍酒和鸡汤250克烧沸，转小火烧40分钟，至汤汁快收干时撒上青蒜末，淋调和油晃锅，勾薄芡起锅装盘即可。

五、操作要点

1. 臭鳜鱼煎鱼皮不能破。

2. 注意糖醋比例和烧制火候。

六、重点过程图解

图4—5—1 食材准备

图4—5—2 鱼背划刀两面煎制

图4—5—3 鱼煎制完成

图4—5—4 加入配料及调料

图4—5—5 加盖焖烧

图4—5—6 装盘成型

七、感官要求

表4—5—1 徽州臭鳜鱼菜肴成品感官要求

项目	要求
色泽	鳜鱼呈酱红色，明油亮芡
气味	具有一种纯正、持久、特殊的腌鲜香味
味道	咸鲜味美，香鲜透骨
质地	质地细腻、口感滑嫩、肉质醇厚入味
形态	条形完整、不破不碎，骨刺与鱼肉分离，鱼肉呈蒜瓣形；盛器的规格形式和色调与菜点配合协调

八、营养分析

表4—5—2 徽州臭鳜鱼主要原料营养分析

营养分析	鳜鱼	富含抗氧化成分、人体必需的主要氨基酸和多种维生素
	猪肉	含有丰富的蛋白质及脂肪、碳水化合物、钙、磷、铁等成分，可提供血红素（有机铁）和促进铁吸收的半胱氨酸，能改善缺铁性贫血
	笋	富含膳食纤维、多种维生素（如维生素 B_1、维生素 B_2）及矿物质（如钾、钙、镁）等

知识链接

煎鱼完整小技巧

煎鱼的时候，鱼肉容易粘锅，导致鱼身不完整、鱼肉碎烂。想要把鱼煎好，有些小窍门要掌握好。

1. 当鱼被宰杀后，尽可能地把表面水分去掉。这是因为水和油不相容，它们的导热速率也不同，容易使原料受热不均匀而造成粘锅，同时也容易使油飞溅，影响安全。

2. 锅要炙好。炙锅时，锅要洗净，放火上烧至锅底冒烟才能放油。

3. 鱼下锅时，温度尽可能高一些，油温在160℃～190℃之间，鱼下锅后，不能马上移动，需要保持中小火力让鱼肉受热均匀，待鱼皮贴在锅的一面定型结壳固化后，翻到另一面继续煎制。

4. 煎鱼需要一口好的不粘锅。不粘锅可以更省事而且减少下油的量，让鱼没有那么油腻，让我们吃鱼更健康。

拓展阅读

食物保藏的奥秘——盐腌

世界各地的人民很早就通过对食物进行用盐处理——盐腌，来保藏食物，比如满富盛名的臭鳜鱼、金华火腿、伊比利亚火腿等等。

盐腌保藏食物的原理是什么呢？食物在腌制过程中，盐会形成溶液，并产生相应的渗透压，而溶质会不断扩散到食品组织内，同时伴随着食物中的水分渗透出来，从而降低了水分活度。这种渗透压抑制了一些微生物的活动，因而可以制作出相应的腌制品。

任务十　香炸鱼排

一、菜肴介绍

香炸鱼排是一道以鳜鱼为主料的菜肴，烹饪技法以炸制为主，属于咸鲜味型。鳜鱼每到春天为最肥美，所以，被称为“春令时鲜”，分布于全国各主要水系，各大河流水系及各淡水湖泊中均有繁殖。鳜鱼营养极为丰富，富含高蛋白、低脂肪，并含有人体所必需的8种氨基酸，具有补气血、益脾胃的滋补功效。鳜鱼肉质细嫩，极易消化，对儿童、老人及体弱、脾胃消化功能不佳的人来说，吃鳜鱼既能补虚，又不必担心消化困难，但同时也要注意，哮喘、咯血病人以及寒湿盛者忌食鳜鱼。此菜考验刀工和火候的掌握，菜品色泽金黄、外酥里嫩。

二、制作原料

主配料：净鳜鱼肉250克，鸡蛋清1个，面包屑25克。

调辅料：精盐3克，绍酒5克，干淀粉10克，葱5克，姜5克，调和油500克。

三、工艺流程

主辅料洗净切配→旺火烧制→加入配料→装盘成菜。

四、制作过程

1．将鱼肉洗净，片成片（厚0.5厘米），放入绍酒、姜葱、精盐、干淀粉、蛋清，腌制约20分钟。

2．把腌制好的鱼片平铺案板上，均匀地撒上一层面包屑压平，翻过来再撒一层面包屑压平。

3．炒锅放中火上，放入调和油，待烧至六成热时，将鱼片逐片投入锅中，炸至深黄色捞起，用刀切成1厘米左右的条，装盘，随带辣酱油、番茄酱各一小碟上桌佐食。

五、操作要点

1．腌制要入味。

2．炸时注意油温，既要炸熟，又不能炸煳，否则会影响美观和食欲。

六、重点过程图解

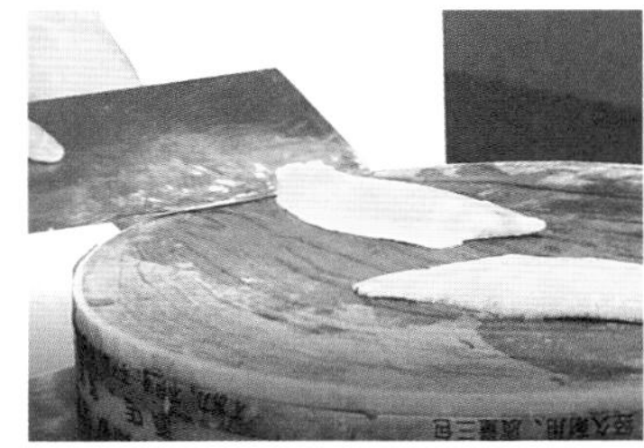

图4—6—1　鳜鱼取肉

图4—6—2　斜刀改片

图4—6—3　鱼肉拍粉

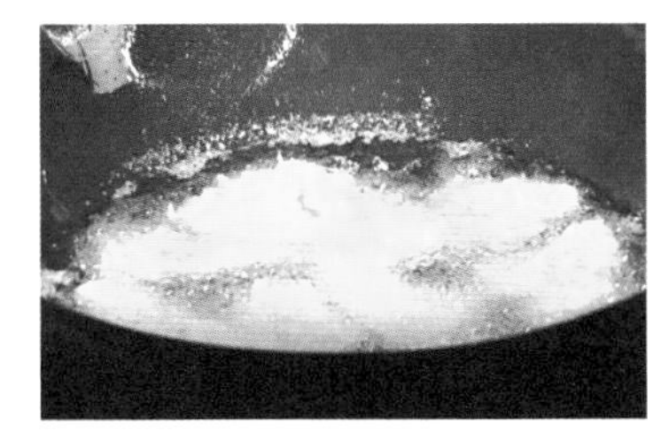

图4—6—4　下锅炸制

图4—6—5　装盘成型

七、感官要求

表4—6—1　香炸鱼排菜肴成品感官要求

项目	要求
色泽	鱼片金黄
气味	咸鲜味
味道	咸鲜味醇
质地	外酥里嫩，软糯可口
形态	造型美观；盛器的规格形式和色调与菜点配合协调

八、营养分析

表4—6—2　香炸鱼排主要原料营养分析

营养分析	鳜鱼	富含抗氧化成分、人体必需的主要氨基酸和多种维生素
	鸡蛋	含有丰富的蛋白质，含多种重要的矿物质（铁、钾、钠、镁），含丰富的维生素A、维生素B_2、维生素B_6等

知识链接

表4—6—3　各种炸法的对比

种类	定义	工艺流程	特点
清炸	将加工过的腌渍入味的生料放入旺火热油锅中，快速炸透成菜的炸法	选料→刀工处理→腌渍入味→炸制—装盘	成菜外焦里嫩、耐嚼有咬劲。越嚼越香是清炸独有的特色
脆炸	将初步熟处理的带皮原料涂抹脆皮水，晾干，放入中温油锅中逐渐提高油温浸炸，使成菜外皮特别松脆的炸法	选料→初步熟处理→涂抹脆皮水→晾干炸制→装盘	带皮的原料淋上脆皮水，经热油炸制，产生了焦糖化反应，使菜肴外皮增加了比一般外焦内嫩更为突出的粉脆性，色泽红亮，形成独有的特色
酥炸	将带有滋味的熟料挂发粉糊或脆浆糊，投入旺火热油锅中，采用一次炸或两次复炸成菜的炸法	选料→预熟处理→切配挂糊→炸制→装盘	炸时，表面糊浆形成酥脆薄膜，包封住原料内部水分，保持了菜肴的鲜美滋味，菜肴质感较其他炸法更为酥松
软炸	将质嫩、型小的原料经过腌渍入味后挂蛋清糊或蛋泡糊，放入油锅中，用热油锅炸至外松软、内软嫩的成菜炸法	选料→切配→腌渍→挂糊→装盘	蛋清糊或蛋泡糊在油炸中形成了外松软、内软嫩的特色，色泽浅黄
卷包炸	加工过的细小原料或蓉泥状原料经调味后，用薄片状的辅料卷包好，再拍粉或挂糊，投入油锅中，用不同火力、油温，炸制成菜的炸法	选料切配→腌渍→卷或包→炸制→装盘	既能保护好原料的鲜味，又能使用多种原料加以组合，形成了丰富的质感、口味和美观的造型
浸炸	将加工腌渍的原料放入旺火热油中，随即停火，运用油锅内所蓄纳的热量缓慢地炸制成菜的炸法	选料→切配→入热油锅缓炸→装盘	原料表面受到油的高温急速加热，形成了薄膜，把原料中水分、鲜味的流失控制在最小范围内，是炸法中的精细炸法

拓展阅读

低碳饮食

低碳饮食的概念，应该围绕养生、节能、环保的主题，以创新菜品、时令小吃为主。在加工原料上，选用山珍野味、绿色保健的原料，如竹荪、芦笋、菌菇、山药、紫薯、南瓜、虾仁、鲜贝、澳带、海参以及五谷杂粮等，重点突出养生健康的特点。同时，力求在制作工艺上体现节电、节气等节能环保、无污染的要求。一些菜肴小吃只有简单的一道加工工序，有的采取批量生产，有的只运用单一的烹调方法等。通过原料的选择和烹饪技法的变化，使菜肴更加低脂、低油、低盐，打造低碳饮食新概念。如北京某知名餐饮企业推出的椰浆炖玛瑙一菜，主料是产自云贵地区深山中的纯天然绿色食材，涨发后像玛瑙石一样晶莹剔透，成品无盐、无油，加热时间短，烹饪制作过程仅2分钟，符合节能和环保的理念。

所谓低碳饮食的概念，还应结合季节与时令，并与营养养生有机结合，注重时令性和养生性。清蒸制作成菜的七彩果蔬球是典型代表，它以香芋、黄金瓜、冬瓜、胡萝卜、白萝卜、鲜香菇、莴笋7种时蔬的果肉作原料，所含的维生素和矿物质十分丰富，营养价值高；另外像八珍菌汤，主料有竹笋、杏鲍菇、牛肝菌、黑虎掌、九日香、松茸、白灵菇、羊肚菌8种食用菌，含有多种矿物质及微量元素，具有很高的营养保健功能，而且汤鲜、菌味浓厚，十分适口。

任务七 奶汁肥王鱼

一、菜肴介绍

淮王鱼又名回王鱼、肥王鱼，是淮河中极为稀少的一种鱼类，有“古鱼活化石”之称。该鱼独产于安徽凤台境内的峡山口、绵羊石和黑龙潭一带深水之处的石缝间，其全身鲜黄、光滑无鳞、肉质细嫩、滋味鲜美，被列为淮河各类鱼中之魁。

据《凤台县志》记载，西汉时，淮南王刘安建都寿春，有人将此鱼献给刘安，刘安赐此鱼名为“回黄”，并在宴客中称赞此鱼可口。一次刘宴众大臣，因人多鱼少，厨师以其他鱼混充，被刘安识破，大发雷霆：“吾一日不能无肥王。”可见肥王鱼受宠之程度。淮南王喜自食“回黄”，民间就称“回黄”为淮王鱼。

淮王鱼自古以来就是淮上人家的筵席之珍，素以味鲜、肉嫩、滑利、爽口著称。其吃法多样，可白煮、清蒸、红烧、片炒，以白煮为佳。奶汁淮王鱼即是以热油加热汤再经大火白煮而成，其汤汁浓白似奶，鱼肉细嫩似豆腐，风味独特，为徽菜一绝。

二、制作原料

主配料：肥王鱼1000克。

调辅料：葱10克，姜10克，精盐5克，白胡椒粉1.5克。

三、工艺流程

鱼洗净改刀→煎鱼→煮汤→调味→装盘成菜。

四、制作过程

1. 肥王鱼洗净改刀。
2. 葱姜炒香，煎鱼。
3. 加水煮鱼汤，调味。汤汁呈奶白色。
4. 出锅装盘。

五、操作要点

1. 肥王鱼改刀处理。
2. 汤汁煮至奶白色。

六、重点过程图解

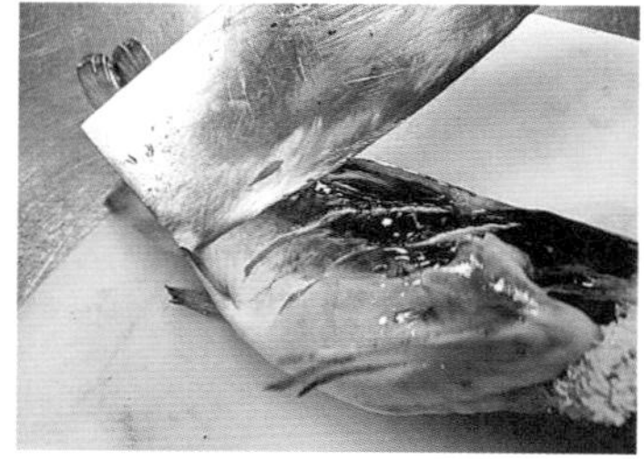
图4—7—1　整鱼改刀

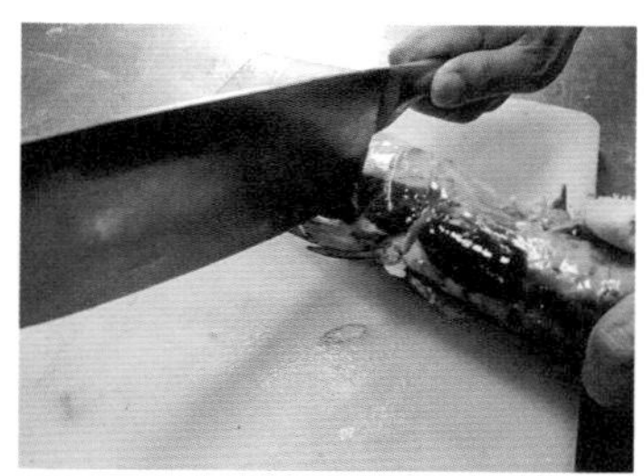
图4—7—2　背部砍骨

图4—7—3　煎鱼

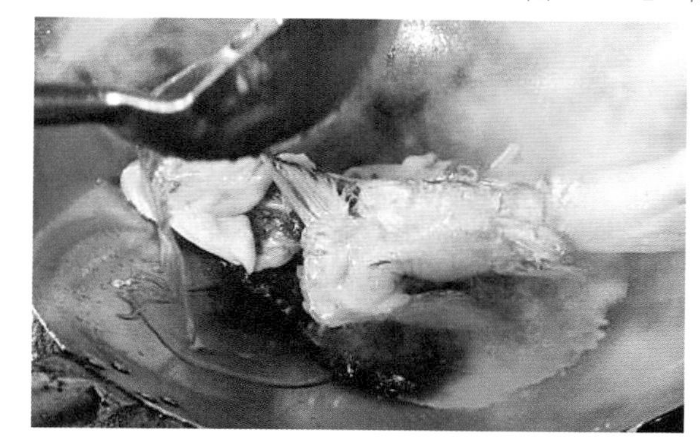
图4—7—4　加水煮鱼汤

图4—7—5　装盘成型

七、感官要求

表4—7—1　奶汁淮王鱼菜肴成品感官要求

项目	要求
色泽	汤汁呈奶白色
气味	具有一种纯正、持久、特殊的香气
味道	味道极鲜
质地	鱼肉肥嫩细腻
形态	汤浓似奶，鱼的体型完美；盛器的规格形式和色调与菜点配合协调

八、营养分析

表4—7—2　奶汁淮王鱼主要原料营养分析

营养分析	肥王鱼	富含蛋白质、脂肪、多种维生素和钾、钙、磷、碘、镁、锌、硒等矿物质元素，且所含脂肪大部分为不饱和脂肪酸

知识链接

如何去除鱼类表面黏液

鱼类上皮细胞中普遍存在一种腺体细胞，叫鱼类黏液细胞。这种黏液细胞主要分布在鱼的皮、鳃及消化道的上皮中，能分泌大量黏液。黏液中含有多种活性质，如黏多糖、糖蛋白、免疫球蛋白及各种水解性酶类等，对鱼的许多生理功能有重要影响。这层黏液非常黏滑，容易给加工处理带来不便，而且这种黏液往往带有泥腥味，需要先清理干净再烹煮。下面以鲇鱼为例介绍一些常用去除鲇鱼身上黏液的方法。

1. 在宰杀鲇鱼之前，可以将鲇鱼放在浓盐水里，使其挣扎，或者用盐搓洗其表面，这样能去掉很多黏液。

2. 用小苏打粉搓洗鲇鱼身上的黏液，去除黏液后用清水洗净即可。

3. 最有效的办法是将宰杀后的鲇鱼放入温度为80℃左右的热水中，待鲇鱼身上的黏液出现凝固现象时再将其洗净即可。

拓展阅读

烹饪名词辨析

在烹饪中，有很多专有名词相似或相近，很容易混淆。

煎与烙。很多人对面点制作中的煎法与烙法区分不开，其实两者还是有区别的。首先，煎法必须是在锅内加少量油脂，而烙可以不加油，如干烙是既不洒水也不刷油。刷油烙虽与煎法有些相同，但用油量比煎少，且煎法是油刷在锅底；而刷油烙，可刷在锅底或刷在制品的表面。水油煎与加水烙做法相似，风味也大致相同，但水油煎是在油煎后洒水焖熟；加水烙是在干烙的基础上，只烙一面，成焦黄色时，洒水盖，边烙边焖至熟。

生抽、老抽、味极鲜这3样都是酱油。生抽颜色较淡，呈红褐色，味道较咸，多用于菜的调味，老抽是在生抽的基础上加入了焦糖色等再加工而成，比生抽更浓郁，颜色很深，呈棕褐色，有光泽，有微甜感，多用于菜肴的上色；而味极鲜是一种精致的鲜味酱油，富含氨基酸酞，多用于拌凉菜。3种酱油无优劣之分，只有与烹调方法和菜肴特点相适合，才能充分发挥其性质特点。

白胡椒与黑胡椒。胡椒是一种常用的调味品，有增香增鲜、和味提辣和除异味的作用。胡椒有黑白之分，不同种类适合烹调不同的菜肴。其实白胡椒和黑胡椒均为胡椒树的果实，但由于采集时间和加工过程不同，出现了黑白之分。黑胡椒是在果实开始变红、未成熟时采集，用沸水浸泡使皮色发黑，晒干后呈黑褐色；白胡椒是在果实成熟时采收，用水浸渍数天，去掉皮晒干而成，使表面呈灰白色。白胡椒味道更为辛辣，但味道不如黑胡椒浓郁。值得注意的是：在中餐中白胡椒用得较多，而西餐中白胡椒、黑胡椒用得都很广泛，欧洲人喜爱白胡椒，美国人喜爱黑胡椒。西餐厨界有句俗话：食盐胡椒亲兄弟，一起调味不分离。西餐中胡椒是顶替味精用的这一点值得我们学习，因为味精的主要成分是谷氨酸钠，在偏酸或偏碱条件下，不易发挥作用，且易产生异味，影响菜肴风味，因此味精使用宜少不宜多

醋椒与酸辣。醋椒菜和酸辣菜口味易相混，因两者都属于汤味中带有酸辣味的汤菜，但其操作过程有所不同。醋椒类菜肴的制作方法是：主料经过处理后，锅内加底油烧热将白胡椒末用少许油煸炸至色黄后，注入高汤，主料成熟后出锅时，加入醋呈酸椒味，如醋椒鱼；而酸辣类菜肴则是主料入汤中，接近成熟时将醋和胡椒粉加入，调成呈酸辣味的汤菜。

水爆与汤爆。水爆和汤爆两种烹调方法非常相似，两者都是不过油，也不经炒勺中爆制和调味，而是将原料改刀后，投入开水或沸汤中汆烫断生。两者的区别是，水爆一般从开水爆制捞出后，沥干水分蘸调料食用即可，而汤爆的主料，在爆制后捞出装入汤碗中，还要浇上一些调好的鲜汤。

米线与粉丝。不少人对米线和粉丝分辨不清。米线也称米粉条、米丝等，是南方的传统食品，是以中等胶度的大米为原料，经除杂、水洗、浸泡碾磨、糊化成型等工序制成的条状米制品，以广州的沙河粉最为著名，其以薄而透明、韧而爽滑的独特风味名扬中外，或炒或拌皆可，深受人们喜爱。粉丝（也称粉条）是以豆类或薯类为原料，提取其淀粉加工而成。其中以绿豆粉丝最优，山东的龙口粉丝以其色泽白亮、白中带青、细而柔软、韧而不酥在国内外久负盛名，可炒可拌，制馅炒汤，荤素皆宜，也深受人们喜爱。

粉皮与凉皮。粉皮和凉皮很相似，其制作方法和吃法也有相同之处。两者使用的原料虽都是淀粉，但粉皮大多是用绿豆淀粉，加适量白矾，用凉水搅拌成糊，舀入金属模子内，在沸水上旋制而成；而凉皮是用纯小麦淀粉，即澄粉制成。澄粉的提取是把面粉用冷水调和成团，放在清水中反复揉洗，除去灰白色的胶状物面筋后，剩下的就是澄粉。

嫩肉粉与食粉。嫩肉粉的主要成分是蛋白酶，其主要作用是对肉中的弹性蛋白和胶原蛋白进行部分水解，使肉类制品口感达到嫩而不韧、味美鲜香的效果，因此广泛应用于餐饮行业。也有不少餐馆用“食粉”腌制牛肉猪肉，使其肉质变得鲜嫩，这种方法不太科学。食粉俗名小苏打，是一种碱式盐，由于小苏打具有腐蚀性和脱脂性，所以能使原料部分肉质和营养受到损失，降低菜肴的食用价值。

任务八　软熘鱼片

一、菜肴介绍

软熘鱼片采用了软熘的烹饪技法。该技法通常指将加工处理好的原料（通常是鱼类水产品）用水煮或用汽蒸，经短时间加热至断生，浇上味汁成菜的技法。成品滋味清鲜，质感极为软嫩，故取名“软熘”。软熘突出原料的鲜美本味，并获得特别软嫩的效果。

二、制作原料

主配料：草鱼1000克，青豆50克，木耳30克，荸荠50克。

调辅料：绍酒15克，精盐2克，酱油20克，白糖20克，米醋30克，葱姜末15克，糖色15克，干淀粉100克，调和油750克。

三、工艺流程

主辅料加工→上浆备用→调味制汁→热油滑油→底料煸炒勾芡→成品装盘。

四、制作过程

1. 将草鱼宰杀挖去内脏，刮洗去黏液，用刀劈成0.7厘米厚的片，放碗中加干淀粉、绍酒、糖色抓拌均匀待用，另取酱油、白糖、精盐、米醋兑成糖醋汁。

2. 炒锅置旺火上，放油烧至四成热，放入鱼片划散，氽炸至浅黄色倒入漏勺沥油。

3. 原锅下葱姜末煸出香味，倒入糖醋汁烧沸，下鱼片略炒，加配料推炒，勾芡颠翻淋明油，出锅装盘即成。

五、操作要点

将鱼片用温油氽炸至熟，再入汤汁中略□，要入透味，上浆时加糖色。

六、重点过程图解

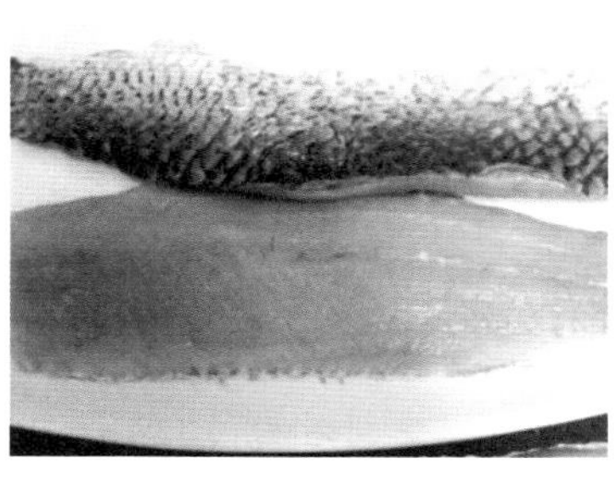

图4-8-1　鱼取净肉

图4-8-2　腌制鱼片

图4-8-3　搅打上浆

图4-8-4　鱼片过水

七、感官要求

表4—8—1　软熘鱼片菜肴成品感官要求

项目	要求
色泽	鱼片洁白，配料红润
气味	具有一种纯正、持久、特殊的鲜香味
味道	咸鲜味美
质地	质地细腻、口感滑嫩、肉质醇厚入味
形态	鱼片不破，摆放整齐；盛器的规格形式和色调与菜点配合协调

八、营养分析

表4—2—2　软熘鱼片主要原料营养分析

营养分析	草鱼	富含蛋白质、多种维生素、矿物质及不饱和脂肪酸等
	青豆	富含不饱和脂肪酸和大豆磷脂，含多种抗氧化成分（如儿茶素以及表儿茶素），还含有两种类胡萝卜素：α—胡萝卜素和β—胡萝卜素；富含皂角苷、蛋白酶抑制剂、异黄酮、钼、硒等抗癌成分
	木耳	含丰富的碳水化合物，富含铁、钙、磷元素，还含有维生素B、维生素C和胡萝卜素
	荸荠	含有丰富的胡萝卜素、B族维生素、维生素C、铁和钙等矿物质元素

知识链接

表4—8—3　各种熘法的对比

种类	定义	工艺流程	特点
脆熘	将加工好的原料腌制入味、上浆挂糊，经滚粘干粉、旺火炸熟后，采用熘汁调味成菜的熘法	选料切配→挂糊→炸制→熘汁→装盘	色泽金黄或红亮，成型大方美观，外酥脆、里熟嫩，卤汁裹覆原料，略有多余，滋味浓厚
滑熘	加工好的不带骨小型原料经腌制、上浆后，先用温油滑至断生，再用足量芡汁淋汁或卧汁加热成菜的熘法	选料→切配→腌制上浆→滑油→熘汁→装盘	色泽明亮、质感滑嫩、鲜醇清香
软熘	将加工处理好的原料用水浸或气蒸，经短时间加热至断生，浇上味汁成菜的熘法	选料→切配加工→水浸或气蒸→熘汁→装盘	滋味清鲜，质感极为软嫩，通常运用鱼类、水产品原料做主料

拓展阅读

他山之石——湛江咸鱼餐桌飘香

“食海鲜，到湛江”，湛江的海鲜驰名国内外。中外游客除了喜爱湛江的生猛海鲜外，对“湛江自腌咸鱼”菜肴风味也赞不绝口，纷纷抢着品尝。其饮食卫生是获得消费者认可的首要条件。各大酒楼、宾馆为了让湛江咸鱼在传统的制法上更卫生、口味更鲜美、更注重环保，纷纷推出更有营养、利于健康、制作过程更合理的“自腌咸鱼”来招待顾客。那么“自腌咸鱼”制作的诀窍和关键是什么呢？下面就以腌咸黄花鱼为例略谈一下制作过程和注意事项。

1. 黄花鱼刮净鱼鳞，去鳃，从背脊处至头部切开（不可切断）成碟形，取出内脏，用清水冲洗干净。

2. 取一不锈钢盆，在其底撒一层粗盐（不宜用精盐），然后整齐地将洗净的鱼摆上一行，盖上一层盐，再摆上一行鱼，直至用粗盐将盆填满，封上保鲜膜或锡纸放入冰箱，如没有冰箱，可放在较通风阴凉处，用袋子盛着冰块放在盐上面。

3. 腌三天后，取出鱼，用清水浸淡，约需3小时，不宜过久，否则鱼肉变得淡而无味。

4. 将咸鱼摆放在“钢丝网笼”里（“钢丝网笼”是用木板与钢丝钉成的长方架，恰好摆放一行鱼）放在较通风、阳光照射充足处晾晒，晚上收回，用袋子装着放入冰箱，第二天再取出来晒，晒至鱼肉色泽偏黄、外表干爽。将晒好的咸鱼用空调风吹凉，或放在通风透气处自然吹凉，然后整齐地摆放在大口玻璃瓶里，加入花生油浸着，用封口纸封瓶口，便是“油浸咸黄花鱼”。不需加入任何防腐剂、保鲜剂，可保鲜3个月左右。用保鲜膜将咸鱼一条条包好，放入冰箱随用随取，可保鲜1个月。

在以上的制作过程中要注意以下几个问题：

1. 在宰杀鱼时一定去净鱼鳃、内脏，冲洗干净血污，否则成品鱼口感差、色泽发暗很易发黑。

2. 一定用粗盐，不宜用精盐，否则效果不佳，因为两者化学成分、作用有所不同。

3. 在腌鱼时要放入冰箱或放上冰块，否则易变霉。

4. 一定要放在“钢丝网笼”里晾晒，这样可起防蝇作用，否则很容易变质腐败，易生虫。

5. 一定要用风扇、空调吹凉，或自然风吹凉再打包装，否则变质很快，不能长时间保鲜。

任务十　香菜银鱼羹

一、菜肴介绍

香菜银鱼羹以银鱼为主要原料，银鱼肉质洁白，细嫩无比，无腥味，辅以香菜，鲜香味美，老少咸宜。银鱼是一种高蛋白、低脂肪食品，蛋白质含量约为17.2%，脂肪含量为5.5%。中医认为银鱼味甘，性平，善补脾胃，可治脾胃衰弱、肺虚咳嗽、虚劳诸疾等。

二、制作原料

主配料：筒骨500克，筒骨吊汤1000克，银鱼100克，香菜150克，笋丝50克，鸡蛋1个。

调辅料：精盐5克，湿淀粉50克，味精2克，鸡油30克。

三、工艺流程

主辅料加工→煨制高汤→调味勾芡→下入香菜→成品装盘。

四、制作过程

1. 筒骨吊汤。

2. 香菜焯水切沫，冬笋焯水切丝，高汤煨制备用。

3. 炒锅置中火上，放入高汤烧开，放入笋丝，银鱼调味，勾芡，搅拌均匀蛋清，下入香菜搅拌均匀即可。

五、操作要点

1. 勾芡均匀。

2. 蛋清下锅均匀，防止结块。

六、重点过程图解

图4—9—1　筒子骨吊汤

图4—9—2　笋切丝

图4—9—3　加入笋丝、香菜

图4—9—4　装盘定型

七、感官要求

表4—9—1　香菜银鱼羹菜肴成品感官要求

项目	要求
色泽	碧绿黄白相间
气味	香菜气味浓郁、笋香气味丰富
味道	咸淡适中，鲜香味美
质地	银鱼柔软，笋丝脆嫩
形态	香菜末、笋丝大小均一，分布均匀

八、营养分析

表4—9—2　香菜银鱼羹主要原料营养分析

营养分析	香菜	含维生素C、胡萝卜素、维生素B_1、维生素B_2等；富含矿物质如钙、铁、磷、镁等
	银鱼	含有多种营养成分，极富钙质，属于高蛋白、低脂肪食品，人称“鱼参”
	笋	富含膳食纤维、多种维生素（如维生素B_1、维生素B_2）及矿物质（如钾、钙、镁）等
	鸡蛋	含有丰富的蛋白质，含多种重要的矿物质（铁、钾、钠、镁），含丰富的维生素A、维生素B_2、维生素B_6等

知识链接

羹菜的勾芡作用与技巧

羹菜用汤量较多，原料与汤液的用量几乎各半。一般用于制作羹菜的原料质量都比水大，因此都沉于汤液下层，而羹菜要求原料要悬浮于汤液的各个部位，也就是说，每舀起一汤勺羹菜，都应该达到汤液与原料各半的要求。这就要求我们提高汤液比重来增大其浮力，通过勾芡可以达到这个目的。在羹菜制作过程中，如果芡汁稠如糨糊，则不但糊口难以下咽，而且浓厚的淀粉味也影响到菜肴的品质；如果芡汁过于稀薄，则原料悬浮不均匀，甚至上汤下料，达不到汤料各半的均匀效果。厨师应该反复实践，找准用芡量与菜肴品种、分量和质地的联系，准确调配出“羹芡”的效果。

拓展阅读

香菜的“香”与“臭”

香菜是生活中常接触到的一类蔬菜，喜爱香菜者觉得“香”，讨厌香菜者觉得“臭”，到底是什么造成这样的两极分化呢？

香菜的独特味道主要源于其中的多种醛类物质，如苯乙醛、癸醛、十一醛、十三醛、十四醛、十一烷、环癸烷等等，这些醛类化合物混合后就形成了香菜的复合“香味”。喜爱者闻着带有青草香气，而不喜爱者则觉得闻起来是臭虫，吃起来像吃肥皂的感觉。

研究表明对香菜的不同感受可能源于嗅觉受体的基因差异。一种名为OR6A2的基因会让某些特定群体对醛类化合物更加敏感，携带此基因的人更能闻出香菜的肥皂气味。经常接触香菜的地区与人群对香菜的接受度会更高。

任务十　鱼头煲

一、菜肴介绍

鳙鱼，头大是其重要特点，最大个体可重达40千克。鳙鱼头不但美味，营养丰富，而且又能健脑防病。据诸多古今医药资料记载，常吃鳙鱼头对心血管系统有保护作用，能暖胃、助记忆、延缓衰老、祛头眩、益智商；常吃鳙鱼能补虚弱、祛风寒、益筋骨、疏肝解郁、健脾利肺，还能起到润泽皮肤的美容作用。眩晕、肾炎、小便不利、咳嗽、水肿、肝炎者都可以用它进行食疗。《中国食疗学》有言："鳙鱼头能补脑。"《食物本草》中说道：鳙鱼"暖胃益人"。《本草纲目》中记载："鳙之美在头"，也就是说鳙鱼最好吃的是其头部。

二、制作原料

主配料：千岛湖鱼头1750克。

调辅料：小葱13克，洋葱50克，蒜子30克，红椒30克，米酒200毫升，面粉200克。

三、工艺流程

主辅料初加工→煎鱼头→小料炒香→混合鱼头→装盘成菜。

四、制作过程

1．将鱼头洗净改刀切块，腌制。
2．鱼头块裹上面粉，煎至两面金黄。
3．将洋葱、蒜子、姜片、小葱炒香，下入鱼块。
4．锅中加水，下入鱼块，下入红椒，煮熟后收汁装盘。

五、操作要点

1．鱼头需先腌制。
2．加入米酒调味。

六、重点过程图解

图4－10－1　鱼头切块

图4－10－2　腌制

图4－10－3　裹粉煎至两面金黄

图4—10—4 小料铺底煲制

图4—10—5 装盘成型

七、感官要求

表4—10—1 鱼头煲菜肴成品感官要求

项目	要求
色泽	鱼块呈金黄色，红椒色泽红艳
气味	鱼香味浓郁
味道	微辣，咸香
质地	质地细嫩，肉质醇厚入味
形态	鱼块形状保持好，不散；盛器的规格形式和色调与菜点配合协调

八、营养分析

表4—10—2 鱼头煲主要原料营养分析

营养分析	千岛湖鱼头	肉质细嫩、营养丰富，含丰富的蛋白质、脂肪、钙、磷、铁、维生素B等
	红椒	含丰富的维生素C，居蔬菜之首。胡萝卜素、维生素B以及钙、铁等矿物质含量亦较丰富。含有辣椒素，可治疗寒滞腹痛、呕吐泻痢、消化不良等症状
	洋葱	含有丰富的维生素E和硒、锌等微量元素

知识链接

热菜烹调技法——烧

烧法往往要经过两种或两种以上的加热过程才能完成。第一步，初步处理为烧的半成品；第二步，加入调料和适量的汤汁，烧熟成菜。后一道工序被叫作“烧”，在这道工序中，又分为旺火烧开、中小火烧透、大火收汁3个阶段。

烧法适用范围广。荤料中的肉禽、水产、蛋，素料中的根、茎、叶、瓜果菜，以及各种豆制品均可选作烧菜的原料，因而烧菜的品种极为丰富。烧菜的原料既可用生料，又可用熟料；既可用整料，又可用各式各样的碎料。预制的方法也较多，如煎、炸、蒸、煮、酱、卤等。

烧法以鲜嫩和酥嫩为主要特色。从多数品种看，烧菜均以烧熟为主，烧透入味即可，特别是鱼类和蔬菜类等原料，不能过长时间加热，否则就会失去这类烧菜的鲜嫩特色。禽畜肉类原料要求烧酥，断生脱骨，恰到好处，不能烧得过于软烂。

拓展阅读

鱼头汤的故事

相传唐代大诗人李白来歙县拜访隐士许宣平，却相遇不相识，被其“门前一竿竹，便是许翁家”所迷惑，正在惆怅之际，听到西干山寺庙钟声隐隐传来，便循声前去。

在五明寺，方丈特用寺旁的泉水为其解渴，李白饮后顿觉精神倍增，一鼓作气游完了西干十月不觉已是傍晚，腹感饥饿，见河边有一酒肆，便步入其间。酒家见来客相貌不凡、气宇轩昂，但厨中菜已用尽，只剩一个鱼头和两块豆腐，感觉如以豆腐待客甚为不妥，便索性将鱼头一起放入锅中做了个鱼头炖豆腐，并摸黑到菜园里切了两棵青菜与干香菇一起做了道香菇青菜。

菜上桌后，李白一见，两个菜色泽鲜艳，特别是鱼头炖豆腐锅内汤汁浓白、香气四溢。李白尝了一口，鲜美异常，十分满意，不禁诗兴大发，即展笺挥毫，洒墨成诗：“天台国清寺，天下称四绝。我来举唐游，于中更无别。卉木划断云，高峰顶参雪。槛外一条溪，几回流碎月。”一首传诵千年的佳篇就这样留下来了。

任务十一　椒盐银鱼排

一、菜肴介绍

银鱼，古称脍残鱼，又称白饭鱼、面条鱼、西施鱼等。宋人有“春后银鱼霜下鲈”的名句，将银鱼与鲈鱼并列为鱼中珍品。《随息居饮食谱》记载：“银鱼甘平，养胃阴，和经脉。”

巢湖是我国第五大淡水湖，盛产银鱼，体呈圆筒状、无鳞、透明无色、光滑，被誉为“巢湖皇后”。大银鱼体长15～20厘米，小银鱼体长4～7厘米，骨软无刺，鲜嫩可口，营养丰富。

椒盐银鱼排外观色泽金黄，表皮香脆，内里嫩滑，香味独特，集鲜、香、酥、辣于一体，属徽式经典名菜。

二、制作原料

主配料：银鱼500克，鸡蛋100克。

调辅料：面包糠150克，花椒5克，盐10克，调和油1000毫升。

三、工艺流程

银鱼初加工→炸至金黄→出锅→撒上椒盐→装盘成型。

四、制作过程

1. 银鱼洗净，裹蛋液，再裹面包糠。
2. 下油锅（五成热）炸至金黄出锅。
3. 花椒加盐碾碎。
4. 撒椒盐，装盘定型。

五、操作要点

1. 银鱼先裹蛋液再裹面包糠。
2. 选择合适炸制温度与时长。

六、重点过程图解

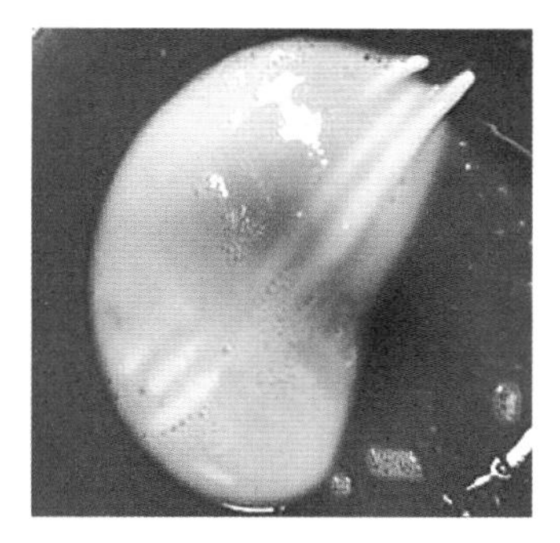

图4—11—1　银鱼裹蛋液

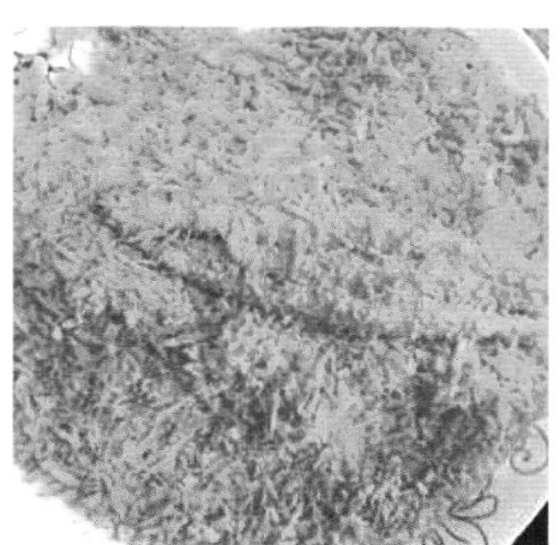

图4—11—2　银鱼裹面包糠

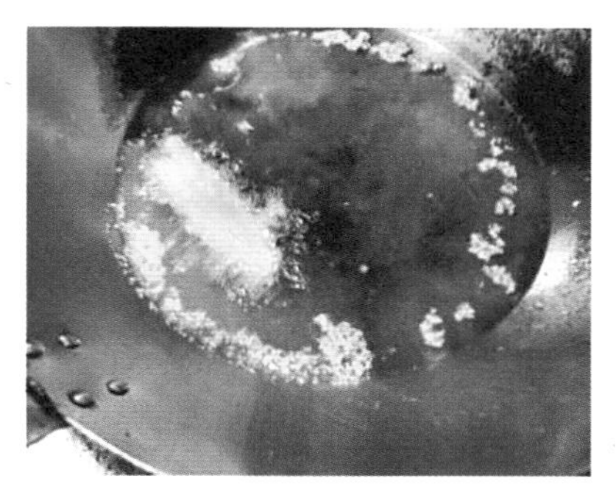

图4—11—3　油锅炸制

图4—11—4　花椒加盐碾碎

图4—11—5　装盘成型

七、感官要求

表4—11—1　椒盐银鱼排菜肴成品感官要求

项目	要求
色泽	色泽金黄
气味	椒香适宜、略带茶香
味道	椒盐味适中，口味纯正
质地	质地香酥、银鱼鲜嫩
形态	形态饱满，菜品完整；盛器的规格形式和色调与菜点配合协调

八、营养分析

表4—11—2　椒盐银鱼排主要原料营养分析

营养分析	银鱼	含有多种营养成分，极富钙质，属于高蛋白、低脂肪食品，人称“鱼参”
	鸡蛋	含有丰富的蛋白质，含多种重要的矿物质（铁、钾、钠、镁），含丰富的维生素A、维生素B_2、维生素B_6等

知识链接

银鱼的形态特征

银鱼体细长，近圆筒形，后段略侧扁，体长约12厘米，头部极扁平，眼大，口也大，吻长而尖，呈三角形。上下颌等长，前上颌骨、上颌骨、下颌骨和口盖上都生有1排细齿，下颌骨前部具犬齿1对，下颌前端没有联合前骨，但具一肉质突起。体柔软无鳞，全身透明，死后体呈乳白色。体侧各有1排黑点，腹面自胸部起经腹部至臀鳍前有2行平行的小黑点，沿臀鳍基左右分开，后端合而为一，直达尾基。此外，在尾鳍、胸鳍第一鳍条上也散布着小黑点。

拓展阅读

花椒的故事

花椒，古时名椒、椒 聊。最早记载在《诗经》里，有“有椒其馨”的诗句。《诗经·陈风·东门》中谈到一男子在舞会上收到姑娘送的一束花椒作为定情物的故事，表明中国人在两千多年前已经在利用花椒了。那么花椒是怎么变成调味料的呢?

花椒被用作调味品，始于南北朝时期，《齐民要术》一书中有关于花椒在烹调中使用的诸多记录，比如“花 椒 脯 腊”。之后的文献，如《山家清供》《饮膳正要》《素食说略》等，都有关于花椒用于调味的记载。

对花椒最为钟爱的当属四川人，川菜喜用花椒、善用花椒，清代傅崇矩著《成都通览》中就记载了不少花椒名菜。花椒虽小，但作用很大，有提味、去膻之功效。人们还把花椒和其他佐料混合在一起，研磨成粉末，制作成五香调味料，可制作肉食、馅料，或炒或烤等，更能激起人们的食欲。

任务十二　香辣鮰鱼

一、菜肴介绍

鮰鱼，学名“鮠鱼”，俗称“白鳍”。《本草纲目·鳞部》：“北人呼鳠，南人呼鮠，并与鮰音相近，迩来通称鮰鱼，而鳠、鮠之名不彰矣。”通体无鳞，前部平扁，后部侧扁，浅灰色，腹似鲇鱼。味鲜美，刺骨少，是颇受欢迎的上等食用鱼类。

香辣鮰鱼属皖江风味，是芜湖传统名菜。

二、制作原料

主配料：鮰鱼750克。

调辅料：生姜13克，大蒜20克，小米辣15克，香葱25克，鸡精2克，白糖20克，豆瓣酱150克，八角10克。

三、工艺流程

鮰鱼洗净去黏液→辅料加工备用→煎鱼→备汤煮鱼→装盘成菜。

四、制作过程

1. 鮰鱼洗净，热烫去除鮰鱼表皮黏液。
2. 热锅冷油，煎鮰鱼至定型。
3. 将豆瓣酱，八角炒香，加入开水。
4. 炖煮鮰鱼，其间加入酱油、盐、鸡精、糖，炖煮约20分钟，中途加入蒜瓣。
5. 装盘后撒入葱花、小米辣。

五、操作要点

1. 要去除鮰鱼表皮黏液。
2. 豆瓣酱用小火炒香。

六、重点过程图解

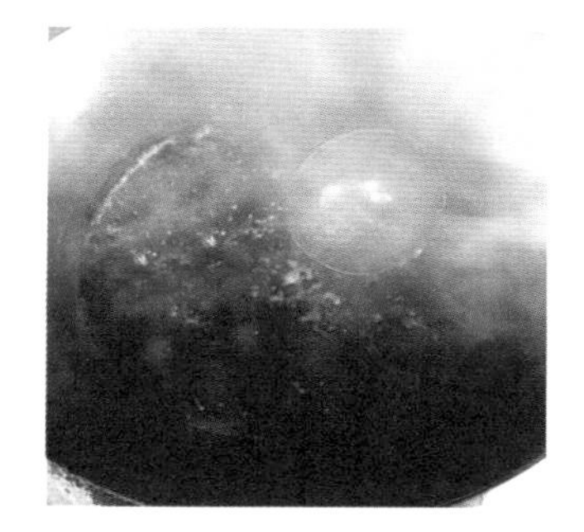

图4—12—1　去除鮰鱼黏液

图4—12—2　豆瓣酱大料炒香

图4—12—3　炖煮

图4—12—4　装盘成型

七、感官要求

表4—12—1　香辣鮰鱼菜肴成品感官要求

项目	要求
色泽	汤汁呈黄色
气味	鱼香味浓郁
味道	微辣，咸香
质地	质地细嫩，肉质醇厚入味
形态	条形完整，大气自然；盛器的规格形式和色调与菜点配合协调

八、营养分析

表4—12—2　香辣鮰鱼主要原料营养分析

营养分析	鮰鱼	富含蛋白质、钾、钙、磷、碘、镁、锌、硒等营养元素，所含1%～3%的脂肪大部分为不饱和脂肪酸

知识链接

炖的技法

炖之技法很讲究，成菜关键是火候。原汤原汁酥烂香，炖法一定要适当。隔水炖法菜型整，过水再炖味纯正。不隔水炖技法多，个个牢记不会错。清炖过水去血沫，汤汁浑厚酥烂了。侉炖菜肴挂糊炸，汤汁米黄味道佳。啤酒炖法稍带辣，酒香浓郁味不差。

拓展阅读

浸鱼时如何判断鱼肉是否成熟

1. 用筷子戳：拿一根筷子从鱼头后1厘米的地方插入鱼肉，如果能轻易地把鱼肉插透，则说明鱼已经熟了。

2. 观察鱼眼变化：由于活鱼的肌肉受热后收缩较大，鱼熟后眼睛会向外凸出，并且鱼眼睛的颜色会变白，这样就说明鱼熟了。

任务十三　三色鱼丸

一、菜肴介绍

三色鱼丸是以鲢鱼为主要原料，做成鱼丸，通过对韭菜、南瓜取色从而做成三种不同颜色的鱼丸，是一道观赏性强、口感佳且老少咸宜的菜肴。

鲢鱼刺少，肉厚，肌纤维细短，肉质细嫩，脂肪含量高。每100克可食部位中含水分60.3～80.9克、蛋白质15.3～18.6克、脂肪2.0～20.8克、灰分1.0～1.4克、含氮浸出物0.2～1.7克、糖类0.8克、钙22～31毫克、磷86～167毫克、硫胺素0.04毫克、核黄素0.21毫克。

中医认为鲢鱼味甘性温，有温中补气、暖胃的功效，适用于脾胃虚寒体质、溏便、皮肤干燥者，对久病体虚、食欲不振、头晕乏力等有辅助治疗功效。

二、制作原料

主辅料：鲢鱼尾1条，小葱100克，生姜100克，鸡蛋1个，生粉20克，南瓜泥100克，韭菜100克，香菜10克。

调辅料：精盐10克，味精5克，花雕酒10克，白胡椒粉10克，猪油50克，鸡油10克，鸡汁5克。

三、工艺流程

主辅料加工→搅打鱼蓉→上劲调味→水热养鱼蓉生胚→调味翻炒→成品装盘。

四、制作过程

1．鲢鱼去皮去骨刺，取净肉，凉水冲洗血水，切成小条块备用，南瓜、韭菜榨汁备用。

2．鱼肉放入沙冰机中加葱姜、冰水，高速度打成鱼蓉。

3．鱼蓉加盐、味精、白胡椒粉，快速搅打上劲，依次加花雕酒、猪油、一个蛋清，继续搅打上劲，再加少量生粉。

4．鱼蓉分成三份，一份拌入南瓜汁，一份拌入韭菜汁做成鱼圆生胚备用。

5．将鱼蓉挤成鱼圆，放在冰水里，锅中水烧开下入鱼圆氽熟捞出备用。

6．取砂锅放水烧开备用，下入鱼圆烧开调味撒白胡椒粉，淋鸡油，香菜点缀出锅装盘。

五、操作要点

1．鱼蓉要顺时针方向搅打上劲。

2．氽鱼丸时水不能开。

六、重点过程图解

图4—13—1 鱼肉切小块

图4—13—2 料理机搅打

图4—13—3 加调味料搅打

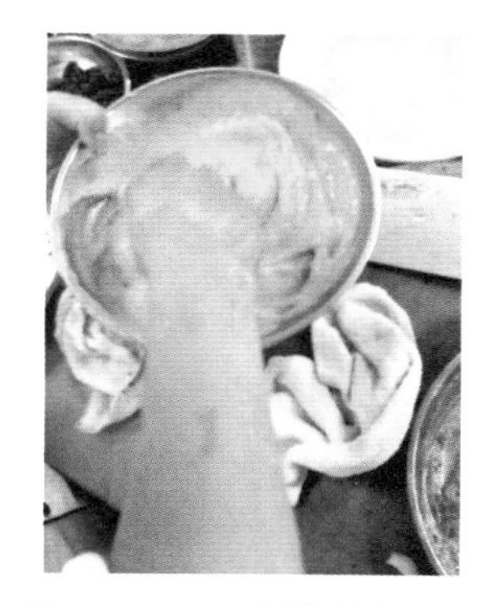

图4—13—4 制作黄色鱼丸

图4—13—5　小火慢煮

图4—13—6　装盘成型

七、感官要求

表4—13—1　三色鱼丸菜肴成品感官要求

项目	要求
色泽	三种色彩
气味	鲜香味
味道	咸鲜味醇
质地	细腻
形态	球状；盛器的规格形式和色调与菜点配合协调

八、营养分析

表4—13—2　三色鱼丸主要原料营养分析

营养分析	鲢鱼	含有蛋白质、脂肪、糖类、钙、磷、硫胺素、核黄素等营养成分
	南瓜	含有南瓜多糖、类胡萝卜素、钴，在各类蔬菜中钴含量居首位，能活跃人体的新陈代谢，促进造血功能
	鸡蛋	含有丰富的蛋白质，含多种重要的矿物质（铁、钾、钠、镁），含丰富的维生素A、维生素B_2、维生素B_6等
	韭菜	含有维生素C、维生素B_1、维生素B_2、烟酸、碳水化合物、胡萝卜素及矿物质；富含纤维素，促进肠道蠕动

知识链接

鱼蓉制作小技巧

制作鱼蓉一般适宜选用青鱼、花鲢、鲮鱼、草鱼等品种，将鱼宰杀之后，不急着制蓉，这是因为鱼肉经排酸后制鱼蓉的效果更佳。鱼刚死时，其肉处于尸僵期，持水能力较低，易影响鱼蓉制品的弹性和嫩度。实践证明，鲜活的鱼肉延伸性较差，吃水量小，制成的鱼蓉缺乏黏性和弹性，成品质感较老，切面较粗糙；经排酸的鱼肉（即将鱼宰杀后，放入冷藏室放置3小时左右）质地会因氧化而柔软，持水性增强，呈鲜物质也逐渐分解，口感更佳。

食物中色彩的奥秘

人们常说菜肴要色、香、味俱全，色是排在第一位的，因为它是我们人类最迅速就能感觉到的东西。已有研究证明，食物的色彩对人的食欲具有一定影响。比如，红、黄、橙等暖色调容易提高食欲，而蓝、绿等冷色调则会降低食欲。

自然界的颜色有成千上万种，不同食物的颜色也各不相同，那人是如何认知颜色的呢?

我们知道，人眼之所以能够看到物体，是由于光的反射作用。但由于不同的物体对光的吸收情况不同，其反射出去的光也就有了差异，这样不同的物体具有不同的颜色。如在自然光下，牛奶是白色的，因为它不吸收光，并把所有的光都反射了，这些反射光叠加后进入人眼，形成白色；黑米是黑色的，因为它把所有的光都吸收了，没有反射光进入人眼，所以它是黑色的；菠萝是黄色的，因为它把黄互补色——紫色吸收了，把黄色光反射出去了，所以人眼看到的是黄色。

生活中黑色的食物有很多，如谷薯豆类：黑米、黑豆等；如水果蔬菜类：黑木耳、黑布林等；如动物性食物：乌鸡；等等。

能使食物呈现黑色的黑色素是一类质量大、结构复杂的物质，可分为两类，一类是由络氨酸、多酚等化合物代谢产生的最终产物，另一类则属于棕黑色的花色素类。第一类黑色素根据其含氮、硫元素的不同又可分为真黑色素、棕黑色素和异黑素三类。由于黑色素结构复杂，且常常与一些蛋白质、多糖等大分子物质牢固结合，所以研究它的化学结构比较困难。大多数的植物黑色素属于花色素类，乌鸡的黑色素则是以吲哚环为主体的含硫异聚物。

任务十四　新安鱼米乡

一、菜肴介绍

新安鱼米乡选用新安江的鲢鱼，并搭配玉米和红腰豆制作成菜，是一道色彩丰富、口感软嫩、老少咸宜的菜肴。

红腰豆外形似“鸡腰子”，色泽红润，为蝶形花科菜豆属缠绕植物，原产于南美洲，现在中国广泛种植。红腰豆富含蛋白质、碳水化合物、膳食纤维、维生素及铁、磷、镁等营养成分，且含有较高黄酮类、多糖类和红色素类等活性物质。《中国药典》中记载，红腰豆味甘平、性温，有补血益气、消肿、软化血管及降血脂和抗风湿、抗辐射等功效。

二、制作原料

主配料：大花鲢鱼尾1条（约3.5斤），京葱2根，猪油100克，小葱50克，生姜50克，玉米粒1斤，美国红腰豆1斤，黄果椒1个。

调辅料：冰水1盆，盐10克，味精5克，胡椒粉10克，鸡油20克，鸡粉3克，色拉油100克。

三、工艺流程

主辅料加工→搅打鱼蓉→上劲调味→水热养鱼蓉生胚→调味翻炒→成品装盘。

四、制作过程

1．将鱼尾取净肉备用，把净鱼尾肉切成细条放到沙冰机当中，加入冰块水高转速搅打成泥。

2．将京葱和生姜切成细末，和搅打成泥的鱼蓉混合在一起搅打上劲。加入胡椒粉、蛋清、盐、味精、猪油调味。

3．炒锅烧开水，用手挤出橄榄形鱼蓉生坯，使用勺子挖出放在锅里养熟，捞出后放在冰水内冰镇。把黄果椒切成菱形片备用。

4．玉米粒和美国红腰豆飞水后备用。铁锅划油，把油烧到三成油温后浇在玉米粒和鱼米上面，锅留底油下入原料翻炒，调咸鲜味勾芡，淋鸡油，装盘即可。

五、操作要点

1．鱼蓉要顺时针方向搅打上劲。

2．鱼蓉制成鱼米后放入冰水内冰镇冷凉。

六、重点过程图解

图4—14—1　准备辅料

图4—14—2　鱼肉切块

图4—14—3　打好的鱼蓉

图4—14—4　制作鱼米

图4—14—5　下锅翻炒

图4—14—6　装盘成型

七、感官要求

表4—14—1　新安鱼米乡菜肴成品感官要求

项目	要求
色泽	色泽洁白
气味	纯正、持久、特殊的香味
味道	口味香鲜
质地	质地滑嫩、醇厚入味
形态	鱼米大小均匀，和玉米搭配相得益彰

八、营养分析

表4—14—2　新安鱼米乡主要原料营养分析

营养分析	鲢鱼	富含蛋白质及氨基酸、脂肪、糖类、维生素A、维生素D、维生素B、钙、磷、铁、硫胺素、烟酸、核黄素等
	玉米	含有丰富的淀粉、蛋白质、脂类、矿物质和维生素
	红腰豆	富含蛋白质、碳水化合物、维生素及多种微量元素；含较高黄酮类、红色素类和多糖类等活性物质

知识链接

滑溜菜肴口感滑嫩的原因

滑熘菜肴之所以有异常滑嫩的口感，主要决定于三大因素：一是所用主料质地细嫩；二是上浆保护，防止主料在烹调过程中过多失水，从而保持了原料的嫩性；三是使用恰当火候。具体技术要领有如下几点：

第一，选料讲究。凡用于滑熘菜肴的主料一定要新鲜、质地细嫩，使用动物原料要选用细嫩部位。

第二，精心上浆。滑熘菜肴之所以滑嫩，上浆是一大关键。滑熘所用的浆料主要是用鸡蛋清加淀粉、精盐调制的蛋清浆，只有这种浆料才能保证主料在滑油后柔滑软嫩、色泽洁白。浆料要根据主料含水量的高低调制，原料上浆的稠度和厚度一般以浆料能薄薄地挂匀原料，或在原料表面均匀涂抹一层，滑油时易划开为宜。

第三，火候恰当。滑熘原料在滑油时，都是用四成热左右的温油，使原料断生即可，熘汁时虽用旺火热油，但加热时间很短。

第四，熘汁方法得当。熘汁时不宜采用浇汁的方法，而要采用卧汁或淋汁的方法。无论用何种熘汁方法，出手都要快，尽量减少原料在锅内停留的时间，只要一挂上汁就要马上出锅，否则容易失去滑熘菜肴软嫩滑润的特色。

拓展阅读

四大家鱼的区分

日常俗称的四大家鱼分别为青鱼、草鱼、鲢、鳙四种鱼，人们冠之以“青草鲢鳙”的称号。四大家鱼在种类与外形上均可进行细致的区分：

青鱼：分类学归属鲤形目、鲤科、青鱼属，别称“黑鲩”“螺蛳青”。其身体呈圆筒形，腹圆；体呈青黑色，背部较深，腹部呈灰白色，各鳍均呈灰黑色。多栖息于水域底层，喜微碱性清瘦水质。

草鱼：分类学归属鲤形目、鲤科、草鱼属，别称“鲩”“油鲩”“草鲩”“白鲩”“厚子鱼”“海鲩”“混子”。其身体略呈圆筒形，头部稍扁平，尾部侧扁，腹圆无腹棱；体呈茶黄色，背部呈青灰色，腹部呈灰白色，胸腹鳍略呈灰黄色，其他各鳍呈浅灰色，体被大圆鳞。多栖息于水域的中下层和近岸多水草区域，性情活泼，游泳迅速。

鲢：分类学归属鲤形目、鲤科、鲢属，别称“白鲢”“水鲢”“跳鲢”“鲢子”。其身体侧扁，头约为体长的四分之一，自胸鳍下方至肛门间有腹棱；体背部呈灰色，腹部呈银白色，鳞细小而密。多栖息于水域的中上层，性情活泼，善跳跃，但耐低氧能力极差，水中缺氧极易死亡。

鳙：分类学归属鲤形目、鲤科、鳙属，别称“花鲢”“胖头鱼”“包头鱼”“大头鱼”“黑鲢”“麻鲢”“雄鱼”。其身体侧扁，头肥大，头约占体长的三分之一，腹部在腹鳍基部之前较圆，其后至肛门前有腹棱；体色较黑，有不规则的黑色斑纹，背部及体侧上半部微黑，腹部呈银白色，各鳍呈灰色，鳞细小。多栖息于水域中上层，性温顺，不爱跳跃。

任务十五 油爆虾

微课 油爆虾

一、菜肴介绍

油爆虾是一道以河虾为主料的特色名菜，通常选用中小型虾，主要烹调技法为爆炒，属于咸鲜味甜味型。先用旺火油锅炸虾，再放入配料调料进行爆炒。虾经油爆，表面油光润滑，虾壳薄亮透明，故又称“光明虾炙”。虾含有丰富的蛋白质，同时富含锌、碘和硒，热量和脂肪较低，具有较高的营养价值，具有调节神经系统、有益心血管健康、延缓衰老等功效，但要注意皮肤瘙痒症者、阴虚火旺者禁食。此菜肴考验油温以及火候的把控，菜品呈酱红色，虾壳红艳松脆，入口一触即脱，虾肉鲜嫩咸鲜、略带甜酸。

二、制作原料

主配料：河虾400克。

调辅料：精制油20克，黄酒10克，糖10克，味精5克，葱5克，姜5克，老抽5克。

三、工艺流程

主辅料加工→油热炒虾→煸炒辅料→调味翻炒→成品装盘。

四、制作过程

1．河虾去须、脚洗净后沥干水分，将炒锅置于旺火加热，倒入油烧至八成热，放入河虾，炸至断生后沥油。

2．锅内留油25克，下葱、姜末煸炒起香，放入炸好的河虾及黄酒、糖、盐、老抽、清水翻炒，至汤汁将干时出锅。

五、操作要点

注意虾的初加工与炸制的程度。

六、重点过程图解

图4—15—1 处理配料

图4—15—2 河虾过油

图4—15—3 炸制金黄

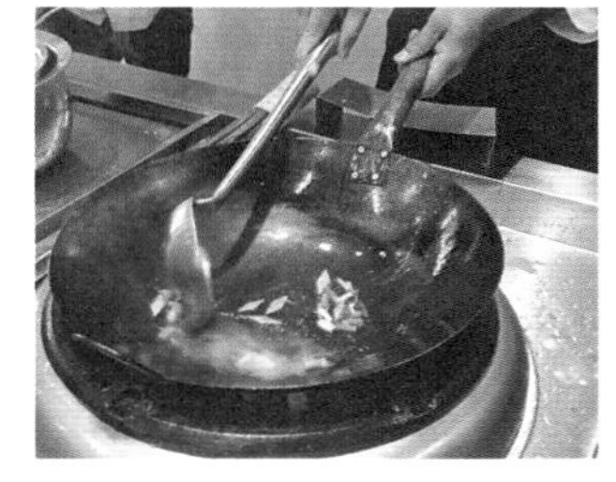

图4—15—4 配料煸炒调味

图4—15—5 煸炒收汁

图4—15—6 装盘成型

七、感官要求

表4—15—1 油爆虾菜肴成品感官要求

项目	要求
色泽	色泽金黄
气味	具有纯正、持久的香酥
味道	皮香脆、口味纯正
质地	肉质松软、香酥脆口
形态	外形完整、盛器规格与菜点色调配合协调

八、营养分析

表4—15—2　油爆虾主要原料营养分析

营养分析	河虾	富含蛋白质、脂肪、矿物质、维生素等营养素

知识链接

表4—15—3　各种爆法的对比

种类	定义	工艺流程	特点
油爆	先用多量沸油将小型原料进行瞬间加热（加热前大多先用沸水焯烫一下）后，再加入芡汁翻拌成菜的爆法	选料→切配→焯烫→过油→回锅芡汁调味→装盘	以色泽白净、旺油包汁、脆嫩爽滑、鲜咸味醇的风味见长
汤爆	用高温沸水将加工成小型的原料瞬间加热焯烫成菜，蘸调料或放入鲜汤中食用的爆法，与粤菜技法中的白灼相似	选料→切配→沸水焯烫→装盘→蘸调味汁	口感以柔滑的脆嫩见长，不调味，成菜以后直接蘸调料食用，口味以鲜咸香浓为主

拓展阅读

苏东坡与龙井虾仁

春天到杭州游玩，除了要喝一杯雨前龙井，感受一下春到江南的气息，龙井虾仁也是一道不能错过的杭州特色美食。龙井茶以“色绿、香郁、味甘、形美”四绝著称，而河虾是春天最新鲜的食材，肉质鲜嫩、营养丰富，素来被称为“馔品所珍”。在春天吃河虾有生发阳气、补肾解毒的养生功效。将明前新茶与时鲜河虾一同烹制，是将两种人间美味融合为一。这道菜中的虾仁通透如白玉，闻之有龙井的清香，吃到嘴里鲜嫩无比，简直就是舌尖上的盛宴。龙井虾仁这道菜不但用料讲究，要明前绿茶和鲜活河虾，而且火候也需要认真把握。在制作时，大厨向油锅中放入熟猪油后，要立即把上过浆的虾仁放进去，15秒后捞出备用。开水泡新茶，滤去茶汤后，将茶叶与虾仁一起下锅，用料酒一喷，在火上轻轻一颠，立马出锅装盘。

关于这道名菜的诞生，也有文化典故在里面。苏东坡从杭州被调到山东密州做官时，曾经写过一首著名的《望江南·超然台作》：“春未老，风细柳斜斜。试上超然台上望，半壕春水一城花。烟雨暗千家。寒食后，酒醒却咨嗟。休对故人思故国，且将新火试新茶。诗酒趁年华。”苏东坡的这首词里有对杭州深深的思念。旧时，为怀念被火烧死的大臣介子推，有寒食节不生火、吃冷食的习俗，节后的“火”被称为“新火”。寒食节跟清明节相连，这个时候的龙井茶属于极品。人们从苏东坡这首词中受到启发，于是就用时鲜河虾和龙井茶烹制了龙井虾仁。这道菜试做之后，滋味鲜美，外形漂亮，并且有杭州特色，遂被流传下来，成为一名菜。

任务十六　毛峰茶香虾

一、菜肴介绍

毛峰茶香虾以黄山毛峰和明虾为主要原材料，最终成菜茶香浓郁，虾肉外脆里嫩，是一道老少咸宜的特色菜肴。

黄山毛峰是中国十大名茶之一，属于绿茶，产于安徽省黄山（徽州）一带，所以又称徽茶。茶对人体除了提神、明目、益思、除烦、利尿外，还可以杀菌抗病毒，改善肠道微生物环境。茶叶对肠道内微生物环境的作用是双向的，一方面对霍乱弧菌、痢疾菌、大肠杆菌、金黄色葡萄球菌等有害细菌有很强的杀菌和抑菌作用，一般饮茶浓度就能达到这种杀菌效果；另一方面，茶对维持肠道健康有重要作用的双歧杆菌有促进生长和增殖的功效，有利于提高肠道免疫力。

二、制作原料

主配料：明虾300克，毛峰50克，小葱10克，西芹50克，姜10克。

调辅料：生抽酱油10克，精盐3克，白糖5克，味精2克，鱼露15克，玫瑰露酒20克。

三、工艺流程

主辅料加工→腌制入味→熬茶香油→油热炸虾→调味翻炒→成品装盘。

四、制作过程

1. 明虾从腹部直切一刀，放入调辅料中腌制半小时入味。

2. 毛峰20克，泡软，熬成茶香油。

3. 炒锅置中火上，放入色拉油，原锅移旺火上，六成油温放入明虾炸熟，倒出控油，锅内放茶油，将干毛峰炒香，下炸好明虾调咸鲜味翻炒。盛放盘中，摆成弧形，即成。

五、操作要点

1. 明虾从腹部直切一刀不能划破虾壳。

2. 油温要六成，不能焦煳。

3. 毛峰不能炒焦。

六、重点过程图解

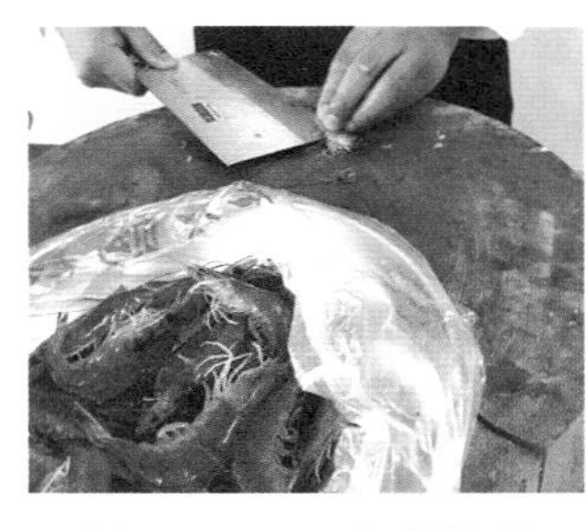

图4—16—1　虾的处理

图4—16—2　腌制虾

图4—16—3　炸虾

图4—16—4　熬茶油

图4—16—5　翻炒

图4—16—6　装盘成型

七、感官要求

表4—16—1　毛峰茶香虾菜肴成品感官要求

项目	要求
色泽	虾呈金黄色，表面油亮
气味	浓郁的茶香与脂肪芳香
味道	茶香味浓，鲜香可口
质地	焦脆爽口，虾肉软嫩
形态	形态完整；盛器的规格形式和色调与菜点配合协调

八、营养分析

表4—16—2　毛峰茶香虾主要原料营养分析

营养分析	明虾	富含蛋白质；含有钙、磷、铁等矿物质及少量维生素；肌体含肌球蛋白、副肌球蛋白等
	毛峰	含有丰富的维生素、多种茶多酚以及钾、钙、镁、铁、氟、碘、硒等元素
	西芹	含有丰富的维生素、蛋白质、氨基酸、类胡萝卜素和铁等营养成分

知识链接

虾仁上浆

原料：虾仁500克、食粉10克、精盐3克、味精1克、鹰粟粉8克、鸡蛋清20克、胡椒粉0.5克、芝麻油2克、清水150克、生油100克。

腌制方法：首先将虾仁用淡盐水浸过表面，不断搅动，洗去虾青素，挑去虾肠；其次加入食粉10克、清水150克，腌制约15分钟后放入清水中冲漂1小时，漂清碱味；然后用厨房纸吸干表面水分；最后加入精盐3克、味精1克、鹰粟粉8克、胡椒粉0.5克、芝麻油2克拌匀，生油封面，置入冰箱冷藏1小时即可使用。

拓展阅读

“吃水不忘打井人”

赵惠源（烹饪艺术家，北京东方食艺职业技能培训中心主任）

有人说，老师傅比较保守，我感到这是有原因的。有个别的徒弟，师傅把手艺毫无保留地传授给了他，徒弟学到了本事，翅膀硬了，看不起师傅，过河拆桥，不尊重师傅，不把师傅当作一回事，还有的做出一些不近人情的事情，让师傅想起来就伤心。这种情况下老师傅的保守是情有可原的。我想做徒的，无论以后有多么辉煌，都不要忘了培养自己的恩师。“吃水不忘打井人”，这种感恩的心尤为重要。

任务十七　酱骨小龙虾

一、菜肴介绍

酱骨小龙虾主要以小龙虾和本地土猪的猪龙骨为主要原料，是一道色泽红润艳丽、口感鲜辣爽口的菜肴。

猪龙骨是猪的脊背，肉瘦，脂肪少，含有大量骨髓，烹煮时柔软多脂的骨髓释出，具有滋补肾阴的作用。小龙虾体内的蛋白质含量很高，且肉质松软，易消化，对身体虚弱以及病后需要调养的人是很好的食物；虾肉内还富含镁、锌、碘、硒等，能保护心血管系统，减少血液中胆固醇含量，防止动脉硬化，同时还能扩张冠状动脉，有利于预防高血压及心肌梗死。

二、制作原料

主配料：小龙虾3斤，龙骨1.5斤，京葱1根，火锅底料100克，青杭椒50克，洋葱1个，小葱50克，生姜50克，大美人椒20克，色拉油3000克。

调辅料：生抽10克，鸡粉3克，美极鲜30克，海鲜酱30克，冰糖50克，蚝油20克，黄酒50克，香料3包（八角、桂皮、草果、大红袍花椒、白豆蔻、香茅草、良姜、小茴香、辣椒王、白胡椒粒、白芷各5克）。

三、工艺流程

主辅料切配→油热炸制→熬制香料→调味烧制→成品装盘。

四、制作过程

1. 龙虾清洗干净后，放到五成热的油锅中炸至表面呈鲜红色备用。将排骨六成油温中炸至表面金黄备用。

2. 将各种香料放到沸水锅中小火煮制一会，捞出后控水备用，铁锅划油，下火锅底料和煮好的各种香料，小火炒香后加入清水，用中小火慢熬，将葱、芹菜、香菜、青红椒的蒂和籽一起熬制。

3. 锅划油，葱姜炒香，加清水后放入炸好的排骨，并放海鲜酱、蚝油、生抽、酱油、红曲粉调味和调色，大火烧开后转中小火烧制成熟备用。

4．将烧好的排骨汤和熬制好的香料汤混合一起烧制，倒入生抽、鸡粉、盐、味精调味后下入小龙虾，烧开后泡在汤中充分入味。

5．将烧好的排骨放在盘子当中垫底，小龙虾从汤中捞出摆盘摆好，上面撒上炸好的京葱段和青红椒段即可。

五、操作要点

1．香料要熬成底汤备用。

2．炸制小龙虾时油温要控制在五成以上。

六、重点过程图解

图4—17—1　原料准备

图4—17—2　炸龙虾

图4—17—3　香料出水

图4—17—4　调味

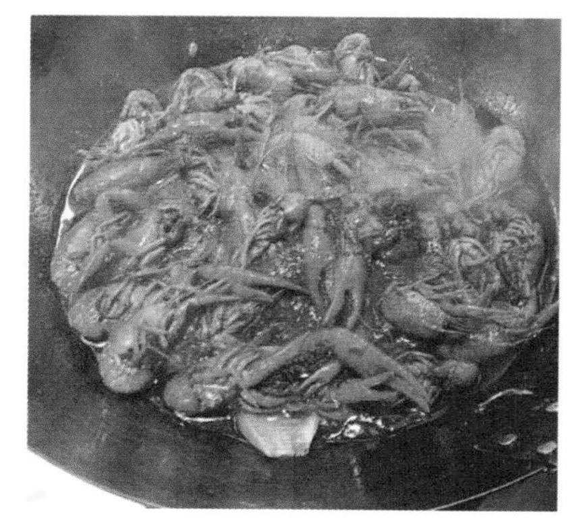

图4—17—5　炒制龙虾

图4—17—6　装盘成型

七、感官要求

表4—17—1　酱骨小龙虾菜肴成品感官要求

项目	要求
色泽	小龙虾呈酱红色，油亮
气味	具有卤制的酱香味和麻辣味
味道	麻辣鲜香，香鲜入味
质地	外观清爽虾肉软弹
形态	外形完整，物料分明，不破不碎；盛器的规格形式和色调与菜点配合协调

八、营养分析

表4—17—2 酱骨小龙虾主要原料营养分析

营养分析	龙虾	含有丰富的蛋白质；含有维生素A、维生素B_1、维生素B_2、维生素C、维生素E及矿物质等
	猪龙骨	含有丰富的蛋白质及脂肪、碳水化合物、钙、磷、铁等成分，可提供血红素（有机铁）和促进铁吸收的半胱氨酸，能改善缺铁性贫血
	辣椒	含丰富的维生素C，居蔬菜之首。胡萝卜素、维生素B以及钙、铁等矿物质含量亦较丰富。含有辣椒素，可治疗寒滞腹痛、呕吐泻痢、消化不良等症状

知识链接

哪些人群不宜吃虾

虾的营养价值很高，而且味道鲜美。虾本身含有丰富的氨基酸、脑磷脂和碳水化合物；虾皮的营养价值也很高，它含有钙、磷、钾等多种人类所需的营养成分。因此，经常吃虾对身体健康是有利的。那么什么人不能吃虾呢？

1. 哮喘患者。哮喘患者吃虾易刺激喉而导致气管痉挛。
2. 子宫肌瘤患者。虾属于发性食物，子宫肌瘤患者不宜吃虾、蟹等海鲜发物。
3. 甲状腺功能亢进者。甲状腺功能亢进者应少吃海鲜，因为含碘较多，会加重病情。
4. 脾胃虚弱者。平日吃冷凉食物容易腹泻和胃肠敏感的人应当少吃海鲜，以免发生腹痛、腹泻的状况。
5. 痛风患者。患有痛风症、高尿酸血症和关节炎的人不宜吃海鲜，因海鲜嘌呤过高，易在关节内沉积尿酸结晶加重病情。
6. 虾是高蛋白食物，部分过敏体质者会对虾产生过敏症状，如身上起红点、起疙瘩等，这类人最好不要食用虾。

拓展阅读

他山之石——无锡三凤桥排骨

无锡三凤桥排骨，俗称无锡肉骨头，有着近140年的历史，是第一批“中华老字号”之一，其烹制工艺被列入首批江苏省非遗名录，是江苏省无锡市的一道传统名菜，为无锡市著名的三大特产之一。这道菜肴以色泽酱红、滋味醇厚、甜咸适中、骨酥肉烂、风味独特而著称，被称为“江南一绝”。

无锡三凤桥排骨产生于清朝光绪年间，无锡南门莫盛兴饭馆为了充分利用剩下的背脊和胸肋骨，加入调味佐料，煮透焖酥，起名为酱排骨，当作下酒菜出售。无锡三凤桥排骨的烹制方法与威化焗排骨的烹制方法非常相似，口味略有不同。无锡三凤桥排骨选取三夹精的草排为原料，肋排经过腌制入味、油炸后，用黄豆酱油、绵白糖、老窖黄酒、鲜汤，还有葱、姜、茴香、丁香、肉桂等烹调而成。其中，老汤是该菜肴制作的关键，这碗在熬煮过程中加入的老汤已有百余年历史，它是制作无锡三凤桥排骨的“秘密武器”。该菜肴成菜色泽红润、香味浓郁、骨酥肉烂、咸中带甜，无论冷盘下酒，还是热菜下饭，均相适宜，是最能代表无锡的美食。

任务十八　马鞍鳝

一、菜肴介绍

马鞍鳝，是一道以鳝鱼为主料的菜肴，属于安徽菜系，烹饪技法以烧制为主，属于鲜咸味型。将鳝鱼切段炸制，至皮翻肉缩，烧制八成烂时放入火腿、冬笋等辅料，烧至汤汁浓稠勾芡。因鳝鱼从脊背划开，加热后形似马鞍，故名。鳝鱼富含DHA和卵磷脂，是构成人体各器官组织细胞膜的主要成分，也是脑细胞不可缺少的营养。鳝鱼特含降低血糖和调节血糖的"鳝鱼素"，且脂肪含量极少，是糖尿病患者的理想食品。鳝鱼含丰富的维生素A，能增进视力，促进皮膜的新陈代谢。鳝鱼具有补中益气、养血固脱、温阳益脾、滋补肝肾、祛风通络等功效。此菜肴考验油温的把控，菜品酱红色润，鱼肉酥透，味鲜醇厚。

二、制作原料

主配料：大鳝鱼500克，火腿30克，冬笋30克。

调辅料：绍酒15克，酱油15克，葱段20克，姜片10克，精盐14克，香醋30克，白糖10克，胡椒粉5克，芝麻油20克，花生油750克。

微课　马鞍鳝

三、工艺流程

主辅料切配→油热炸制鳝段→辅料煸香→调味煮制→勾芡装盘。

四、制作过程

1．取活鲜大鳝鱼宰杀后，从腹部划开，去内脏，洗净，斩成4厘米长的段，每段分别划3刀（深至脊骨），锅中放清水烧开，放葱段姜片，加盐10克、香醋25克，放鳝段过水，待表面黏液脱落时取出洗净；火腿、冬笋切小片。

2．锅置旺火上，放油烧至五成热时，投入鳝段炸至皮缩肉翻，倒入漏勺沥油。

3．原锅中留油少许，置中火，下葱段、姜片，蒜瓣煸香，加入鳝段，加鸡汤、绍酒、酱油、白糖、精盐烧至八成烂，再放入火腿、冬笋，烧至汤汁稠浓，用湿淀粉调稀勾芡，淋芝麻油装盘，撒上胡椒粉即成。

五、操作要点

调味以酱油、精盐为主，要突出鲜咸味。

六、重点过程图解

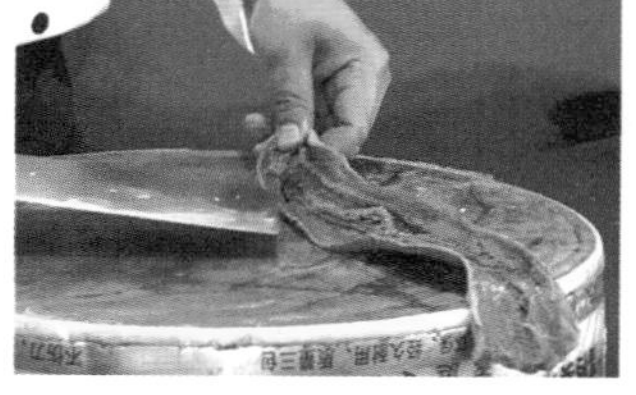

图4—18—1　拍打鳝鱼

图4—18—2　改刀成段

图4—18—3　下锅炸制

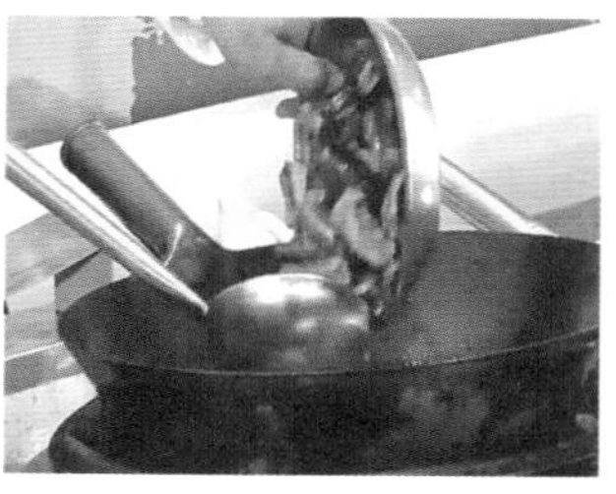

图4—18—4　加料翻炒

图4—18—5　装盘成型

七、感官要求

表4—18—1　马鞍鳝菜肴成品感官要求

项目	要求
色泽	色泽油亮
气味	具有鳝鱼的特有香味，无腥味
味道	咸鲜味美，醇厚爽口
质地	质地细腻、口感滑嫩、肉质醇厚入味
形态	条形完整、不破不碎，盛器的规格形式和色调与菜点配合协调

八、营养分析

表4—18—2　马鞍鳝主要原料营养分析

营养分析	鳝鱼	含有丰富的蛋白质、脂肪、氨基酸、多种维生素（维生素A、维生素B_1、维生素B_2、维生素E）；含有丰富的DHA和卵磷脂
	火腿	含多种氨基酸、维生素和矿物质，以及丰富的蛋白质和适度的脂肪
	笋	富含膳食纤维、多种维生素（如维生素B_1、维生素B_2）及矿物质（如钾、钙、镁）等

知识链接

如何杀死黄鳝体内寄生虫

黄鳝体内寄生虫的种类较多，其中，新棘虫、胃瘤线虫是黄鳝体内最常见的寄生虫。黄鳝体内的寄生虫一般只有针尾般细小，呈白色，能够通过食道进入人体肠道。进入肠道后，这些寄生虫能像蛔虫一样在人体内待上很长时间，不易被发现。在烹过程中，杀死黄鳝体内寄生虫最简单的方法就是高温煮食。黄鳝体内寄生虫不耐高温，用100℃以上的高温将黄鳝彻底煮熟，就能将其体内寄生虫杀死。另外，需要注意的是，烹调食物过程中应生、熟分开，特别是切了生黄鳝的砧板就不能再切熟食，以防污染食物，使寄生虫通过消化道感染人体。

拓展阅读

食用油的保藏方法（上）

食用油是烹饪中不可缺少的原料之一，由于食用油储存不当，易发生氧化酸败的现状，从而导致食用油品质劣变。油脂氧化变质的影响因素较多，如水分、光线、氧气、酶、高温、促氧剂等，油脂被氧化后一般会生成氢过氧化物质，然后再分解成为短碳链的醛、酮、酸等小分子物质，这些物质具有刺激性气味，也即我们俗称的“哈喇味”。这些小分子物质在人体很难被代谢掉，会对人体的肝脏造成损害，因此如何科学地储存油脂，延缓或防止油脂的氧化变质就显得尤为重要。因此生活中对食用油的保藏尽量做到以下几点：

1. 避光储存。目前中小包装油脂产品的主流包装形式为PET包装，绝大多数瓶体呈现透明状，此类包装并不能够有效阻隔光线的照射，因此容易导致油脂的光氧化反应的发生。通常发生光氧化反应的浅色油脂会导致油脂颜色变红、深颜色的油脂颜色变浅(趋于红色)，出现以上现象时说明该油脂已经劣变，如果打开盖子会闻到哈喇味。

2. 避热储存。现在的油脂包装形式大多数不具备隔热的功能，随着油脂温度的升高，油脂的氧化速度将会成倍增长，产生具有刺激性气味的有害物质。建议将油脂存放在阴凉通风处，但不建议在冰箱中储存(油脂在低温条件下会出现冻结现象，任何一种食用油脂都会出现冻结现象，这主要取决于低温程度和低温条件下存放的时间等因素)。

3. 密封储存。油脂的保质期通常为18个月，保质期是指在适宜的储存条件且未开封的条件下的保质时间，开封后的油脂是无法保证18个月不变质的，因此这就要求我们在使用油脂后将油瓶的盖子拧紧，隔绝外界的氧气，尽量延长油脂的保质期。

任务十六　徽式鳝糊

一、菜肴介绍

鳝鱼在我国已有数千年的历史，大约在汉朝时期就已经有文字记载。到唐代以后，鳝鱼的烹饪方法就更多了，或炸或炒或烩，或片或丝或段，或咸鲜或麻辣或酸甜，或保其鲜嫩，或使其酥脆，各有其法。徽菜对鳝鱼的烹调多重本味。清炒鳝糊是用小鳝烹制，烹饪时讲究用油。徽菜烹饪特点中的重油在该菜中得到充分体现。徽式鳝糊肉嫩而绵软，汁浓而味厚，有油脂醇香，盘边围以白胡椒粉、姜丝、火腿丝和葱末四色辅料，由食者自选与鳝糊拌食，别有风味。

二、制作原料

主辅料：鳝鱼750克，小葱50克，生姜50克，火腿心10克，红辣椒1个，大葱50克。

调辅料：精盐2克，陈醋50克，花雕酒50克，辣酱15克，蚝油10克，老抽5克，生抽5克，鸡粉3克，味精3克，生粉5克，白糖5克，麻油10克。

三、工艺流程

主辅料切配→焖煮鳝鱼→取肉骨头吊汤→辅料炒制→放入原汤→调味勾芡。

四、制作过程

1. 水中放入葱、生姜、花雕酒、陈醋、盐，烧开后下鳝鱼，快速盖上锅盖，控制火候保持微沸腾状态。焖煮5分钟待鳝鱼肉成熟，捞出放入冰水中，使用竹刀从鳝鱼头背部划到尾部取肉，翻转从颈部划到尾部取肉，将鳝鱼骨吊汤备用。

2. 葱、姜、辣椒切细丝泡水备用，火腿肉切丝备用。锅划油下生姜丝、火腿丝、辣酱、蚝油，炒香后下鳝鱼，加鳝鱼汤、花雕酒、老抽、生抽、鸡粉、味精、白糖、调味，勾芡收汁装盘，撒胡椒粉，上面放火腿丝、辣椒丝、葱丝，烧热油倒在鳝鱼糊上炸香料头即可。

五、操作要点

1. 煮鳝鱼不能煮的时间太久，肉质会变老。
2. 要熟练掌握剔除鳝鱼骨取肉技法。

六、重点过程图解

图4—19—1　食材准备

图4—19—2　活鳝鱼下锅

图4—19—3　鳝鱼去骨切段

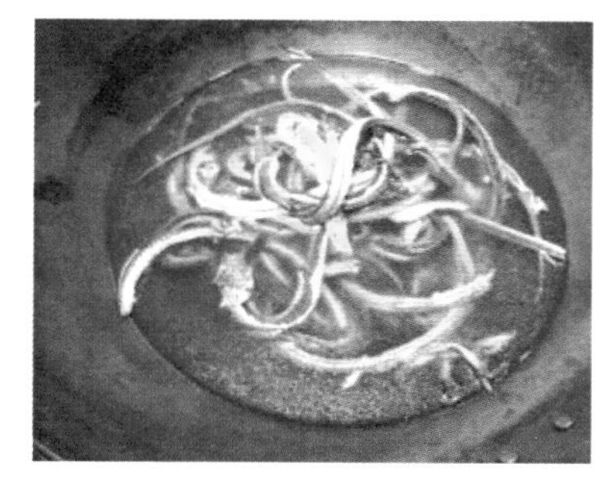

图4—19—4　鳝鱼骨吊汤

图4—19—5　煸炒鳝鱼

图4—19—6　装盘成型

七、感官要求

表4—19—1　徽式鳝糊菜肴成品感官要求

项目	要求
色泽	鳝鱼呈茶褐色，色泽均匀
气味	具有鳝鱼的特有香味，无腥味，麻油、胡椒粉香味浓郁
味道	咸鲜味美，醇厚爽口
质地	质地细腻，口感滑嫩，肉质醇厚入味
形态	条形完整，不破不碎，自然堆放成形；盛器的规格形式和色调与菜点配合协调

八、营养分析

表4—19—2　徽式鳝糊主要原料营养分析

营养分析	鳝鱼	含有丰富的蛋白质、脂肪、氨基酸、多种维生素（维生素A、维生素B_1、维生素B_2、维生素E）；含有丰富的DHA和卵磷脂
	火腿	含多种氨基酸、维生素和矿物质，以及丰富的蛋白质和适度的脂肪
	辣椒	含丰富的维生素C。胡萝卜素、维生素B以及钙、铁等矿物质含量亦较丰富。含有辣椒素，可治疗寒滞腹痛、呕吐泻痢、消化不良等症状

知识链接

小暑黄鳝赛人参

入夏之后，黄鳝体壮而肥，进入产卵期，其滋味愈加鲜美，滋补功能也达到高峰，小暑节气是一年当中品尝黄鳝的最佳时节，民间有“小暑黄鳝赛人参”的说法。一方面，中医认为黄鳝性温味甘，具有补中益气、补肝脾、除风湿、强筋骨等作用，是一种比较理想的补益食品。另一方面，“小暑黄鳝赛人参”的说法与中医学“春夏养阳”的养生思想是一致的，蕴涵着“冬病夏治”之意。中医理论认为夏季往往是慢性支气管炎、支气管哮喘、风湿性关节炎等疾病的缓解期。此时，若内服具有温补作用的黄鳝，可以达到调节脏腑、改善不良体质的目的，到冬季就能最大限度地降低上述疾病的发病概率，或避免其发生。因此，慢性支气管炎、支气管哮喘、风湿性关节炎的患者在小暑时节吃黄鳝进补可达到事半功倍的效果。黄鳝的营养价值极高，含有丰富的维生素A、维生素E和卵磷脂，所含的特种物质鳝鱼素能降低和调节血糖，对糖尿病有较大的治疗作用。黄鳝的蛋白质含量很高，每100克黄鳝肉中含有蛋白质18.8克，脂肪却有0.9克，适合中老年人和病后体虚者食用。

拓展阅读

食用油的保藏方法（下）

食用油合理保存除了尽量做到避光保存、避热储存、密封储存，还应注意以下几个方面。

1. 小包装化。现阶段家庭消费油脂以5L规格的包装为主，但使用起来还有不便之处，如直接倒油时其重量稍重、倒油量不好掌控等。未来方便快捷的小规格包装油脂产品将会慢慢主导市场。建议家庭消费时选用小规格产品(如1.8L、1L等)，开盖后能够在短时间内使用完，避免油脂的变质。

2. 新旧油不混用。新油不能和旧的油脂进行混合使用，一是造成油脂产品的二次污染，二是已经氧化的旧油会加速新油的氧化变质，最终造成油脂产品的保质期缩短。

3. 油不返壶，熟油不提前。有些人一次倒油时量没有掌控好，将多余的油脂再次倒回油壶中，这是错误的做法(会造成壶中油脂产品的污染)。还有些人认为油脂产品使用前应该提前熟油，这也是错误的。一次熟油较多，长时间未用完的熟过油脂会加速产生氧化变质，其实现阶段的油脂基本不需要进行提前熟油，在使用时将其加热到一定温度即可。

任务二十　番茄汆鱼片

一、菜肴介绍

番茄汆鱼片是以番茄和黑鱼为主要原料制作的一道菜肴，具有咸酸鲜美味道浓郁、鱼片嫩滑的特点。黑鱼营养丰富，富含蛋白质，黑鱼肌肉中含有约17%的粗蛋白质（高于我国的四大淡水鱼类），肌肉中氨基酸含量约占总量的77%，其中7种人体必需氨基酸总量约为30%，4种鲜味氨基酸（天门冬氨酸、谷氨酸、丙氨酸、甘氨酸）约占31%。黑鱼肌肉中蛋白质的含量（约为17%）高于鳜、草鱼、鲢、鳙、中华鳖、带鱼、对虾和鸡蛋中蛋白质的含量。黑鱼肌肉及骨骼含有丰富的人体必需的钾、镁、钙、锌、铁、铜、锰、镍、铬等微量元素，特别是钾、镁和钙是人体维持正常生理功能和肌肉兴奋的基本元素，此类矿物质含量丰富。

二、制作原料

主配料：黑鱼1250克，番茄600克，小葱10克、洋葱50克、西芹50克、姜10克、香菜5克、番茄沙司50克。

调辅料：生抽酱油10克，精盐3克，白糖5克，味精2克，黄油15克，黑胡椒10克、白兰地10克，黄酒20克，鸡油50克，鸡粉5克。

三、工艺流程

主辅料切配→熬制鱼汤→煮制汤底→鱼片氽熟→放入原汤→装盘点缀。

四、制作过程

1. 黑鱼去头去尾，鱼肉切成0.3厘米厚片，码味腌制半小时上浆入味。开水烫番茄，去皮切块备用。

2. 鱼头鱼骨熬汤。

3. 炒锅置中火上，放入色拉油滑锅，原锅移旺火上，放黄油和鸡油入锅，下入番茄块洋葱粒炒香起沙，加番茄沙司熬炒下鱼汤煮开调味，另锅烧开水放入浆好鱼片氽熟、捞出放入原汤里即可，上面点缀香菜。

五、操作要点

1. 氽鱼片时沸水下锅养熟。

2. 番茄要炒至起沙。

3. 鱼片上浆且不脱浆。

六、重点过程图解

图4—20—1　原料准备

图4—20—2　片鱼片

图4—20—3　腌鱼片

图4—20—4　鱼骨熬汤

图4-20-5 氽鱼片

图4-20-6 装盘成型

七、感官要求

表4—20—1 番茄氽鱼片菜肴成品感官要求

项目	要求
色泽	汤汁呈亮红色，鱼肉白嫩，明油亮芡
气味	具有番茄本身的特殊风味
味道	酸甜可口，鱼肉软嫩
质地	质地细腻、口感滑嫩、肉质醇厚入味
形态	条形完整、不破不碎；盛器的规格形式和色调与菜点配合协调

八、营养分析

表4—20—2 番茄氽鱼片主要原料营养分析

营养分析	黑鱼	含有丰富的人体必需的钾、镁、钙、锌、铁、铜、锰、镍、铬等矿物质
	番茄	每100克番茄鲜果中含水分94克，蛋白质0.6～1.2克，糖类2.5～3.8克，以及维生素C、胡萝卜素和矿物质等
	西芹	含有丰富的维生素、蛋白质、氨基酸、类胡萝卜素和铁等营养成分
	洋葱	含有丰富的维生素E和硒、锌等微量元素

知识链接

热菜烹调技法——氽

氽是指将经过初步加工的小型原料放入烧沸的清水或汤汁中，进行短时间加热成菜的一种烹调方法。

制作氽菜时，原料下入锅中，待水面再次滚起时即可，加热时间短，强调原料自身鲜味和质感，以及汤汁清淡的效果。氽菜具有汤多味醇、滋味清鲜、质地细嫩爽口等特点。清汤鱼丸、竹荪氽鸡片是氽法的代表菜肴。

氽的技法特点如下：

1. 汆菜讲究喝汤，也注重吃菜，常用的原料是质感脆、嫩的动植物原料，如鸡肉、鱼、虾、畜类里脊、肝、肾，以及蔬菜中的冬笋、芦笋，等等。

2. 汆法采用极短的加热时间加热，原料应尽量避免在锅内停留过久，具体的加热时间要根据原料的性质和形体的大小灵活掌控。

3. 汆菜质感脆嫩。除原料本身细嫩鲜美外，动物性原料须腌制上浆。

4. 原料入锅的水温要因原料而异。汆制禽畜肉类原料时，应沸水下锅。汆制蓉胶类原料时，应温凉水下锅，避免因温度过高而产生萎缩或碎散的情况。

5. 汆菜对汤汁的质量有严格要求。大多使用清澈、滋味鲜香的清汤，以保持汤汁的清爽。

6. 汆菜口味以咸鲜为主，力求醇和清鲜，调味时一般不用有色的调料。

拓展阅读

他山之石——苏式鱼丸与粤式鱼丸

鱼丸是广泛流传于江浙、福建、广东沿海，以及湖北、江西等长江中下游一带的特色传统食品。在不同地区，鱼丸的制作工艺各有不同，形成的风味特点也不同。尤其是苏式鱼丸与粤式鱼丸，二者在质感上有着截然不同的特点。

苏式鱼丸绵软嫩滑，而粤式鱼丸鲜爽弹牙。在选材方面，苏式鱼丸常用吃水极大的花鲢做主料，而粤式鱼丸常用鱼质紧凑而鲜美的鲮鱼做主料。在制作工艺方面，苏式鱼丸采用“擂”的方法制蓉；由于鲮鱼刺多，广东人制鱼丸时用“刮”的方法制蓉。刮下鱼蓉之后，还须放入清水“漂渍”，既可漂去鱼蓉上的血色，又可清除妨碍弹性的肌浆蛋白等物质，增加鱼蓉爽口弹牙的质感。苏式鱼丸擅用“搅”的方法使鱼蓉上劲，粤式鱼丸则是先“搅”后“挞”，将精盐放入脱水的鱼蓉当中，先顺方向搅拌均匀，再以摔挞为主、搅拌为辅让鱼蓉产生强大的筋力及弹性。粤式鱼丸制作配方中加入的水、蛋清和食用油较少，而苏式鱼丸加入的水、蛋清和食用油的比例远远大于粤式鱼丸，这是两种鱼丸风格差异最主要的原因之一。

当制成鱼丸子后，苏式鱼丸与粤式鱼丸加热成熟的方法也大相径庭。苏式鱼丸采用“酝”的方法加工，低温加热，让鱼蓉中的肌动球蛋白不能呈分布均匀的网格，让自由水的流动空间加大，呈现绵软嫩滑的口感。粤式鱼丸多用“灼”的方法加工成熟，即利用急速的高温让蛋白质中的自由水被及时锁住，呈现爽口弹牙的质感。

任务二十一 翡翠墨鱼片

一、菜肴介绍

翡翠墨鱼片是以墨鱼与荷兰豆为主要原料制作的一道菜肴。菜品具有色泽洁白碧绿相融、口味咸鲜爽口的特点。墨鱼营养丰富，每100克肉中含蛋白质13克、脂肪0.7克、钙14毫克、铁0.6毫克。中医认为墨鱼味咸、性平，入肝、肾经，具有养血、通经、催乳、补脾、益肾、滋阴、调经、止带之功效，可用于治疗妇女经血不调、水肿、湿痹、痔疮、脚气等症。

二、制作原料

主配料：大墨鱼300克，荷兰豆400克，黄果椒1个，大草莓2个，淀粉100克，姜片10克。

调辅料：精盐2克，味精2克，白糖3克，料酒10克，鸡汁10克。

三、工艺流程

主辅料切配→捶打裹粉→荷兰豆滑油→调味翻炒→成品摆盘。

四、制作过程

1. 大墨鱼洗净去皮，片成大薄片，澄面与生粉1∶1比例混合撒在墨鱼片上，用均充的力度捶敲，使粉和肉相融合。

2. 锅肉上水烧沸，将敲成大薄片的墨鱼片用沸水冲淋，改刀成4厘米片备用。

3. 荷兰豆焯水和滑油，锅内放入葱油下入墨鱼片，荷兰豆调味翻炒勾玻璃芡，装盘即可。

五、操作要点

1. 敲墨鱼片厚薄均匀。

2. 滑炒勾芡的亮度掌握好。

六、重点过程图解

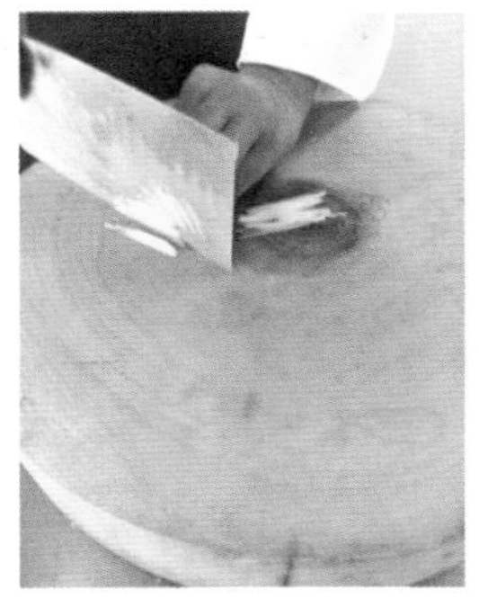

图4—21—1　处理原料

图4—21—2　清洗墨鱼

图4—21—3　鱼肉裹淀粉捶打

图4—21—4　墨鱼肉改刀

图4—21—5　翻炒荷兰豆

图4—21—6　装盘成型

七、感官要求

表4—21—1　翡翠墨鱼片菜肴成品感官要求

项目	要求
色泽	荷兰豆呈嫩绿色，鱼肉白净，明油亮荧
气味	具有荷兰豆的清香、墨鱼肉的特殊香味
味道	咸鲜味美，田园清香
质地	质地细腻、口感滑嫩、肉质醇厚入味
形态	荷兰豆形态完整，彩椒形状相同美观；盛器的规格形式和色调与菜点配合协调

八、营养分析

表4—21—2　翡翠墨鱼片主要原料营养分析

营养分析	墨鱼	含有丰富的蛋白质、脂肪、维生素 B_1、维生素 B_2 和钙、磷、铁等成分
	荷兰豆	含有丰富的碳水化合物、蛋白质、胡萝卜素及人体所必需的氨基酸
	辣椒	含丰富的维生素C，居蔬菜之首。胡萝卜素、维生素B以及钙、铁等矿物质含量亦较丰富。含有辣椒素，可治疗寒滞腹痛、呕吐泻痢、消化不良等症状

知识链接

鱼片上浆技巧

原料：鱼片500克、食粉5克、精盐5克、味精3克、干淀粉20克、鸡蛋清25克、清水15克。腌制上浆方法如下：

1. 将清水10克放入碗中，先加入干淀粉调匀，再加入鸡蛋清，用筷子将其打散。
2. 向鱼片中加入精盐2克、食粉5克，顺一个方向搅拌、抓匀，放置5分钟，入清水漂10分钟。
3. 将鱼片表面水分吸干，放入碗中，加入精盐3克、味精3克，再次搅拌上劲，将蛋清浆分3次加入鱼片，搅拌均匀，最后放生油100克盖面，放入冰箱冷藏1小时即可。

拓展阅读

鱿鱼、墨鱼、八爪鱼的区别

种类	别称	所属科目	牙齿	软骨/壳
鱿鱼	又称柔鱼、枪乌贼、句公，是一种软体动物，不属于鱼类	属于十腕目枪乌贼科	有牙齿，食用的时候一定要去掉	中间背部有一条透明的细长软骨
墨鱼	又称乌贼鱼、墨斗鱼、目鱼乌侧、花枝等，是一种软体动物，不属于鱼类	属于乌贼目乌贼科	有牙齿，食用的时候一定要去掉	中间有较大椭圆形壳
八爪鱼	又称章鱼、蛸、八带蛸、坐蛸、石居、死牛等，是一种智商非常高的软体动物，不属于鱼类	属于章鱼目章鱼科	有牙齿，食用的时候一定要去掉	无软骨、无壳

模块五　植物类原料名菜

任务一　八公山豆腐

一、菜肴介绍

“八公山上，风声鹤唳，草木皆兵”。“淝水之战”后的苻坚兵败如山倒，狼狈不堪，但为八公山这座历史文化名山增添了新的人文气息。八公山位于淮南市，属于淮河流域，因淮河一带土壤有机质、全氮、速效钾含量丰富，且具有形成大豆高蛋白质性状的气候条件，极利于种植豆类。《本草纲目》记载：“豆腐之法，始于前汉淮南王刘安。”

刘安是汉高祖刘邦的孙子，相传淮南王刘安一心想要得道成仙，建都于寿春（今安徽寿县）后，招宾客、方士数千人，其中较为出名的有苏非、李尚、田由、雷被、伍被、晋昌、毛被、左吴八人，号称“八公”。刘安常在“八公”的陪伴下，在对面的北山上炼长生不老之灵丹妙药，不想炼丹不成，反以黄豆、盐卤（又有说石膏）做成豆腐。从此，此山便称为八公山，豆腐之法就从八公山下传播开来。

八公山豆腐不仅因它传奇的起源，还以精工细作、品质优良、风味独特而享誉海外。尤其是采用了八公山上“珍珠泉”“玛瑙泉”“玉露泉”“洗云泉”等名泉的山泉水精制，使成品晶莹剔透，白似玉板，嫩若凝脂，质地细腻，用手托着晃动而不散碎。八公山豆腐这个菜因四季可做，故又名“四季豆腐”。

二、制作原料

主配料：八公山豆腐250克，玉兰片13克，木耳9克。

调辅料：小葱7克，绿豆淀粉56克，虾子10克，精盐2克，酱油50毫升，调和油15毫升，花生油500毫升。

三、工艺流程

主辅料初加工→豆腐、玉兰片切配→炸豆腐→加配菜烹调→装盘成菜。

四、制作过程

1．玉兰片热水发制（切片），木耳冷水发制。

2．豆腐切20×20×20毫米方块，挂淀粉糊（料水比为5∶4）下锅炸至金黄色，备用。

3. 将虾、玉兰片、木耳、小葱段放入炒锅中煸炒。

4. 放入豆腐、酱油、精盐和清水，烧开后勾芡，出锅装盘。

五、操作要点

1. 注意淀粉糊的稀稠度。

2. 注意豆腐切得大小均一。

六、重点过程图解

图5—1—1　豆腐炸至金黄

图5—1—2　配料炒匀

图5—1—3　加入豆腐翻炒

图5—1—4　加入调料

图5—1—5　装盘成型

七、感官要求

表5—1—1　八公山豆腐菜肴成品感官要求

项目	要求
色泽	豆腐色泽金黄，木耳油黑发亮
气味	具有鲜香和蛋白质气味
味道	豆腐咸鲜味正，竹笋鲜美，木耳咸香
质地	豆腐外香脆里细嫩，柔嫩滑爽，竹笋嫩脆利口，木耳柔嫩
形态	豆腐块型完整，外皮无损坏；盛器的规格形式和色调与菜品配合协调

八、营养分析

表5—1—2　八公山豆腐主要原料营养分析

营养分析	豆腐	蛋白质、氨基酸含量高，还有铁、钙、钼等人体所必需的矿物质
	玉兰片	含有丰富的蛋白质、氨基酸、脂肪、糖类、钙、磷、铁、胡萝卜素、维生素B_1、维生素B_2、维生素C等
	木耳	含维生素B_1、维生素B_2、胡萝卜素、烟酸等多种维生素和无机盐、磷脂、植物固醇等

知识链接

豆　腐

相传，豆腐是汉高祖刘邦的孙子淮南王刘安所创，距今已有两千多年的历史，是我国最常见的豆制品。豆腐生产过程一是制浆，二是凝固成型，豆浆在热与凝固剂共同作用下凝固成含有大量水分的凝胶体就是豆腐。

豆腐有传统豆腐和内酯豆腐之分。传统豆腐生产工艺过程是首先浸泡大豆使其软化，将浸泡后的大豆磨浆；然后通过过滤将豆渣分离获得豆浆，蒸煮豆浆；最后加入凝固剂等使大豆蛋白质胶凝成型得到豆腐。传统豆腐又分南豆腐和北豆腐。南豆腐用石膏作为凝固剂，质地比较软嫩、细腻；北豆腐又被称为老豆腐、硬豆腐，采用卤（氯化镁）作为凝固剂，硬度、弹性和韧性较强。传统豆腐工艺复杂、产量低、储存期短、易吸收。内酯豆腐以葡萄糖酸内酯为凝固剂，洁白细腻、口感好、保存时间长。毛豆腐、豆花、臭豆腐、干豆腐、豆腐皮是豆腐的衍生品。

豆腐是中国的传统食品，其营养价值高，素有“植物肉”之美称。在五代时，人们就称豆腐为“小宰羊”，认为豆腐的白嫩与营养价值可与羊肉相提并论。同时，豆腐为补益清热养生食品，除有增加营养、帮助消化、增进食欲的功能外，还对牙齿、骨骼的生长发育颇为有益。

2014年，“豆腐传统制作技艺”入选中国第四批国家级非物质文化遗产代表性项目名录，这道神奇的中国美食开始在商品价值之外，被赋予更多的文化内涵和传承意义。

拓展阅读

淮南王刘安

今天我们吃的豆腐，传说是一位两千多年前的古人发明的，他的名字叫刘安，最为人熟知的是他与豆腐的故事。

刘安是西汉时期的诸侯王，手握大权，坐镇一方。刘安是汉高祖刘邦之孙，淮南厉王刘长之子。汉文帝时期，刘长一度非常得宠，后来被控意图谋反，在流放途中绝食自杀。汉文帝后来将刘长的三个儿子分封为王，其中之一便是刘安，他继承了父亲的淮南王封号和部分封地，并安然度过了汉文帝时期和汉景帝时期，到一代雄主汉武帝即位时，刘安已做了20多年淮南王。

刘安喜好读书和音乐，有辩才，文章写得很好，曾广招门客数千人，研习各种学问，著书立说，编有许多著作，其中以《淮南子》最负盛名。此书以道家思想为主体，融会贯通诸子百家，涉及哲学、政治、经济、军事、天文、地理、农学、音乐等诸多方面，是一部百科全书式的集大成之作。

在《淮南子》中，直接谈到饮食的著作都要托他的大名，如隋朝学者诸葛颖着有多部饮食类书籍，就统统冠以淮南王之名，包括《淮南王食经》《淮南王食目》《淮南王食经音》等。

任务二　香煎毛豆腐

微课　香煎毛豆腐

一、菜肴介绍

徽州毛豆腐因表面长有一层寸把长的白色绒毛（白色菌丝）而得名。这种毛是豆腐经发酵霉制长成，故毛豆腐又称霉豆腐。豆腐在发酵过程中，蛋白质被分解成多种氨基酸，味道较一般豆腐鲜美。毛豆腐的用料和制作十分考究。传统的烹饪方法是将发酵后的豆腐放入平底锅煎至两面发黄，再加入调味品烧烩，香气溢出后涂上一层辣酱。常见的有红烧毛豆腐、油炸毛豆腐、火焙毛豆腐、清蒸毛豆腐等。

相传，红巾军起义爆发后，明太祖朱元璋投奔义军，几年后他升任红巾军左副元帅。元龙凤三年（公元1357年），朱元璋率部攻克古徽州绩溪，安营扎寨于绩溪城南的快活林（今安徽绩溪火车站前）。有一天，他吃到了杨之河对岸灵川村的水豆腐，感觉十分鲜嫩可口，遂让厨子每日做水豆腐菜给他吃。后来，百姓送多了，加之天暖，水豆腐上长了一层雪白的绒毛。厨子试用油将之煎得脆黄，再用蒜、姜、辣椒等重味调料烹烧入味。朱元璋食之，顿觉味美异常，大悦。为去除原霉味，厨子试用少量食盐、花椒渍过再进行酵制，烹调后口感更好。由此，毛豆腐的做法便在当地流传下来。后来朱元璋做了皇帝，油煎毛豆腐便成了御膳房必备佳肴。现今起名为虎皮毛豆腐，成为享誉世界的名菜。

以前，在绩溪卖毛豆腐的师傅多挑着担子走街串巷地卖。担子前面为火炉，炉上支着煎毛豆腐用的平锅，后面是几捆干柴和一盘盘新鲜的毛豆腐。当平锅中的香油熬得香气缭绕时，将毛豆腐放入锅中，只听“刺啦”一声，其香味扑面而来。用竹筷子夹起一块煎好的毛豆腐放入口中，鲜而不腻，满口香味，那种惬意，无法用言语表达。难怪有人说：“日啖小吃毛豆腐，不辞长作徽州人。”

二、制作原料

主配料：长条毛豆腐18块，洋葱1个，蚕豆酱1瓶，肉末50克，香葱50克，小红辣椒20克，焖酱40克，辣椒酱50克，蒜子30克，生姜50克。

调辅料：菜籽油100克。

三、工艺流程

铁锅滑锅→热菜籽油→油热煎制→摆盘备用→熬制酱汁→淋入装盘。

四、制作过程

1．铁锅烧热滑锅，入色拉油滑锅使锅内不粘。

2．菜籽油烧热后放入毛豆腐，排列整齐后中小火煎制，煎到两面金黄并稍起虎皮，倒出装盘。

3．将洋葱切粒，蒜、生姜切末同肉末炒香，下酱熬制成浓稠状即可。

五、操作要点

1．煎制火候控制，滑锅到位。

2．菜籽油熬老。

六、重点过程图解

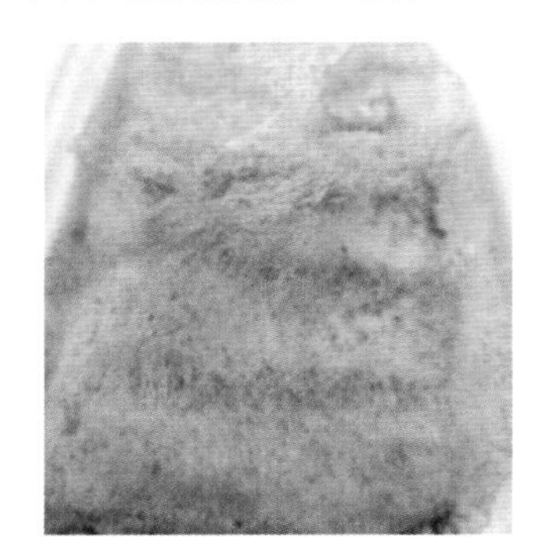

图5—2—1　毛豆腐

图5—2—2　豆腐煎制

图5—2—3　辅料煸香

图5—2—4　铁板煎制

图5—2—5　装盘成型

七、感官要求

表5—2—1　香煎毛豆腐菜肴成品感官要求

项目	要求
色泽	色泽金黄
气味	香气宜人，酱香浓郁
味道	咸鲜微辣
质地	外酥里嫩，软硬适中，又酥又嫩
形态	条形完整、摆放整齐，盛器的规格形式和色调与菜点配合协调

八、营养分析

表5—2—2　香煎毛豆腐主要原料营养分析

营养分析	毛豆腐	大豆蛋白质属完全蛋白质，易消化吸收，富含人体需要的8种必需氨基酸；豆腐发酵后，产生了人体所需的多种营养物质，如有机酸和氨基酸等，并含有丰富的维生素B_{12}
	洋葱	含有丰富的维生素E和硒、锌等微量元素
	猪肉	含有丰富的蛋白质及脂肪、碳水化合物、钙、磷、铁等成分，可提供血红素（有机铁）和促进铁吸收的半胱氨酸，能改善缺铁性贫血

知识链接

表5—2—3　各种煎法的对比

种类	定义	工艺流程	特点
干煎	是把扁平状的原料腌制入味后拍粉、拖蛋液，放入锅中，用小火加热至表层金黄酥脆的一种煎法	原料初加工→腌制入味→拍粉、拖蛋液→煎→成菜	色泽金黄，表层酥脆，内里熟嫩，鲜咸香醇
湿煎	是把原料排入锅中，煎至表面呈金黄色后投入料头，加入少量汤水并调味焗制片刻成菜的煎法	原料初加工→腌制入味煎→烹入味汁→焗→成菜	成品浅黄色，质感软嫩柔润
封煎	是先将加工腌制过的原料煎制成熟，再调入煎封汁加热入味成菜的煎法	原料初加工→腌制入味→煎→烹入煎封汁→焗→成菜	成品既有煎的芳香，又有焖的浓醇，滑软可口，味鲜香，风味别致

拓展阅读

引领餐饮新时尚五大要诀

一为结合：根据现代人的观念，将传统与新潮、历史和文化相结合，烹调出菜肴。

二为融合：不分川鲁苏粤，不论西餐美点，将各大菜系同东西方美食精华巧妙地融为一体，以“适口者为上”，满足中外广大食客要求，展现开放和现代餐饮风采。

三为组合：利用各种不同类型的原料、调料进行烹调组合，使味型多样化、口感多样化、风味多样化，体现现代人的时尚风味。

四为健康：在几个结合的同时不忘健康，注重菜肴的营养成分、保健功能，使每一层次的食客，都能找到有益于自己养身的美味佳肴。

五为人性：环境、餐具、装修以及个性化的服务，要展现一种格调，体现一种文化，以人为本，使食客如同回家，达到身心愉悦。

任务二 荠菜圆子

一、菜肴介绍

安徽省合肥市，古称庐州，是一座有2000多年历史的古城，素有“淮右襟喉，江南唇齿”之称，曾是千樯鳞次、商贾辐辏的商业都会，也曾是刀光剑影、硝烟四起的兵家必争之地和著名的古战场。

荠菜为合肥人喜爱的一种野菜，因荠与“吉”谐音，又与“聚”音相近，民间把荠菜看作“吉祥之菜”和“聚财之菜”。因荠菜富含呈鲜氨基酸，其味较一般常蔬鲜美，受到人们喜爱，故有“宁吃荠菜鲜，不吃白菜馅”之说。古时，合肥人素以荠菜制馅用于春卷、饺子，制成圆子则是官府膳厨创制。自春秋楚庄王时庄墓人的“庄王圆子”开始，合肥的圆子就闻名全国，历经2000多年的创制，品种丰富，风味多样，“无圆不成席”已成为礼俗融入合肥人的生活。在合肥传统的虾包圆子、荸荠圆子、莲藕圆子等“十大圆子”中，当首推色香味俱佳的荠菜圆子。此菜原是合肥地区传统风味小吃，后来由民间传入饮食店成为传统的季节性名菜，也是合肥的一道名菜。

荠菜圆子又称“吉菜圆子”，此名得自于清末淮军军阀、后任直隶总督兼北洋大臣的李鸿章。相传李鸿章当年任江苏巡抚期间，率淮军攻打太平军防守的苏州城时，久攻不下，军心动摇。时恰逢春节，李鸿章便命人悄悄地赶制了大批的家乡春节名菜荠菜圆子，谎称是家乡父老送来的春节慰问品。将士们争相食用，斗志昂扬，一举攻下苏州城，李鸿章大喜，遂称之为“吉菜圆子”。

二、制作原料

主配料：猪五花肉250克，荠菜150克，鸡蛋150克，刀板香50克。

调辅料：冬笋10克，生粉125克，木耳15克，香菇15克，小葱3克。

三、工艺流程

主辅料初加工→制作荠菜圆子（生）→制作汤底→下入荠菜圆子→装盘成型。

四、制作过程

1. 猪五花肉搅成肉末，荠菜切成末，香菇切粗丝，笋、刀板香切片。
2. 五花肉末中加入荠菜末、葱、姜、鸡蛋、生粉制作荠菜圆子，煮熟。
3. 刀板香煸香，加姜片后加水。
4. 加入木耳、笋片、香菇丝，再加入荠菜圆子。
5. 装盘成型。

五、操作要点

1. 荠菜圆子大小应均匀适中。
2. 掌握好荠菜圆子盐添加量。

六、重点过程图解

图5—3—1　五花肉搅肉泥

图5—3—2　制作荠菜圆子

图5—3—3　煮荠菜圆子

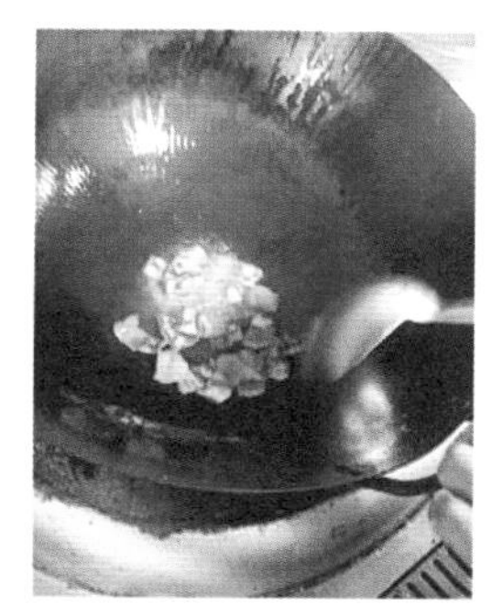
图5—3—4　刀板香煸香

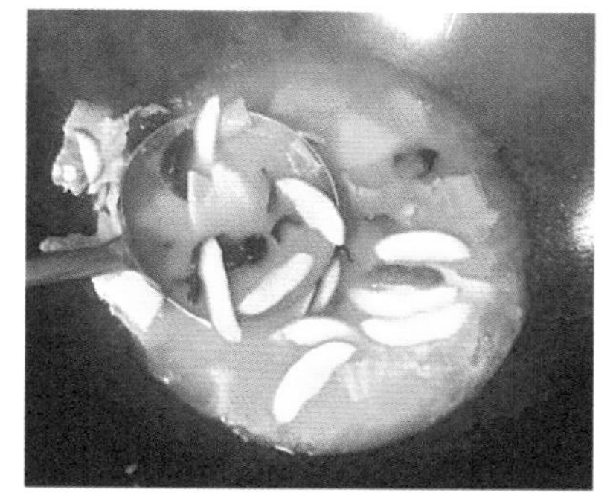
图5—3—5　下入配料

图5—3—6　装盘成型

七、感官要求

表5—3—1　荠菜圆子菜肴成品感官要求

项目	要求
色泽	汤汁泛黄，荠菜绿色明亮，刀板香鲜红
气味	具有荠菜清香、刀板香肉香
味道	馅料滋润鲜美
质地	劲道有弹性
形态	圆子外形完整，无突起，塌陷变形；盛器的规格形式和色调与菜点配合协调

八、营养分析

表5—3—2　荠菜圆子主要原料营养分析

营养分析	荠菜	含有荠菜酸、乙酰胆碱、谷甾醇、季胺化合物、二硫酚硫酮、丰富的维生素C、大量的粗纤维以及丰富的胡萝卜素
	五花肉	含有丰富的蛋白质及脂肪、碳水化合物、钙、磷、铁等成分，可提供血红素（有机铁）和促进铁吸收的半胱氨酸，能改善缺铁性贫血
	香菇	含有丰富的微量元素，如钙、磷、铁
	冬笋	富含膳食纤维、多种维生素（如维生素 B_1、维生素 B_2）及矿物质（如钾、钙、镁）等
	木耳	含膳食纤维及多种氨基酸、维生素和矿物质

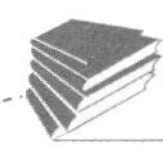

知识链接

蓉　泥

蓉泥是比末更细的一种形状，有粗细之分。粗的蓉泥是在末的基础上再用刀刃剁制而成的，细的蓉泥除了用刀刃剁，还要用刀背不断排锤或用刀刃刮抹。蓉、泥之间没有严格的界限，就其特点来说，蓉一般是动物性原料，质地细腻而较薄；泥一般是植物性原料，质地相对较粗，一般不需要搅拌上劲。动物性原料在制蓉前应去皮、去骨、去筋膜。对较新鲜的原料如虾肉、鱼肉，应先将刀刃放在原料表面上，与原料成一定的角度向一个方向刮制或切成片，再用刀背排锤，然后用刀刃刮抹，在刮的过程中捡去暗筋、细骨，最后用刀刃或刀背反复剁而成。植物性原料制泥前大多经过初步熟处理，使其成熟，再去皮、去籽、去核，然后用刀膛按压而成，如土豆泥、老南瓜泥等。在剁制蓉泥时，为防止砧墩碎末进入，在原料的下面应放一张鲜肉皮，或者使用质量好的砧板或塑料砧板。目前，制蓉泥多用小型粉碎机，既省时、省力，又质量好。

拓展阅读

益处多多的荠菜

荠菜是一种生活中常见的蔬菜，之所以备受人们的青睐，原因在于它有很高的营养和药用价值。看似不起眼的荠菜，却是好处多多的小野菜。

荠菜所含的荠菜酸，是一种具有止血良效的成分，能有效缩短出血时间和加快凝血，常被用来治疗便血、血崩、月经过多等病症。荠菜含有乙酰胆碱、谷甾醇和季胺化合物，能起到降低胆固醇和甘油三酯的作用，对于老年人来说，最适合用来预防高血压、高血脂等心脑血管疾病。荠菜富含维生素A，所以眼睛不好的人，适当多吃可以有效防治眼干燥症、白内障和夜盲症。《本草纲目》记载，荠菜“明目、养胃”。另外，荠菜含大量粗纤维，能增强肠道蠕动力，最适合那些长期便秘、有痔疮的患者；同时能加速身体的新陈代谢力，有助肥胖人士减肥。

在日常生活中，荠菜的食用方法也是很简单多样的，可以同时满足不同饮食爱好的人群，例如荠菜圆子、清炒荠菜、凉拌荠菜、荠菜饺子、荠菜饼等。

任务四　咸蛋黄焖丝瓜

微课　咸蛋黄焖丝瓜

一、菜肴介绍

丝瓜是瓜类的一种，其营养价值很高，含有蛋白质、脂肪、碳水化合物、粗纤维、钙、磷、铁、瓜氨酸以及核黄素等B族维生素、维生素C，还含有人参中所含的成分——皂苷。丝瓜实味甘性平，有清暑凉血、解毒通便、祛风化痰、润肌美容、通经络、行血脉、下乳汁等功效，其络、籽、藤、花、叶均可入药。

二、制作原料

主配料：丝瓜400克，咸蛋黄4个。

调辅料：精盐3克，味精3克，干淀粉30克，葱10克，姜10克。

三、工艺流程

主辅料切配→腌制裹粉→油热炸制→炒制蛋黄→调味翻炒→成品装盘。

四、制作过程

1. 丝瓜去皮，改刀成段，咸蛋黄蒸熟压碎。

2. 丝瓜段用盐稍腌，加淀粉拌匀，入油锅炸制。

3. 锅中放少许油，将压碎后的咸蛋黄放入炒至起泡后加精盐、味精调味，加入丝瓜段翻炒装盘即可。

五、操作要点

丝瓜腌制后要迅速制作，以防止水分析出过多，影响成菜的效果。

六、重点过程图解

图5—4—1　丝瓜切条

图5—4—2　碾碎蛋黄

图5—4—3　加干淀粉抓匀

图5—4—4　下锅炸制

图5—4—5　丝瓜翻炒

图5—4—6　装盘成型

七、感官要求

表5—4—1　咸蛋黄丝瓜菜肴成品感官要求

项目	要求
色泽	色泽金黄
气味	具有咸蛋黄的咸香
味道	咸鲜味美
质地	质地细腻、口感滑嫩
形态	条形完整、不破不碎；盛器的规格形式和色调与菜点配合协调

八、营养分析

表5—4—2　咸蛋黄丝瓜主要原料营养分析

营养分析	丝瓜	含有蛋白质、脂肪、碳水化合物、粗纤维、钙、磷、铁、瓜氨酸以及核黄素等B族维生素、维生素C、皂苷
	咸蛋黄	含有丰富的卵黄磷蛋白、卵磷脂；铁、磷、钙含量较多；含有较多脂溶性维生素，如维生素A、维生素D、维生素E

知识链接

表5—4—3　各种焗法的对比

种类	定义	工艺流程	特点
盐焗	将加工腌制入味的原料用硅油纸包裹，埋入烧红的晶体粗盐之中，利用盐导热的特性，对原料进行加热成菜的焗法	选料→腌制→包裹→埋入热盐堆中焗制→装盘	皮脆骨酥、肉质鲜嫩、干香味厚
汤焗	生料先经腌制调味，再经初步熟处理，放入锅内，加入适量兑好的汤汁，加盖，用中火加热至原料熟透入味而成菜的焗法	选料→腌制→油炸→加汤焗制→装盘	原汁原味、滚烫热乎、馥郁浓香

拓展阅读

“瓜果蔬菜”的美好寓意

丝瓜，谐音“思挂”，寓意思念和牵挂。另外丝瓜属于葫芦科的植物，所以丝瓜也有福禄的寓意。丝瓜以其卷曲缠绕的藤蔓、鲜黄娇嫩的花朵和大如手掌的叶片，彼此相映成趣，令人赏心悦目。

白菜，谐音“百财”，寓意着财源滚滚，财运不断。再者，白菜素有“青白高雅，凌冬不凋，四时常见，有松之操”一说。白菜就如同当时的文人画家，甘于清贫寂寞，清清白白，清心寡欲。

葫芦，谐音“福禄”，自古以来就是招财纳福的吉祥之物。葫芦嘴小肚大、色黄如金，象征广纳四方之财。而且，葫芦又是藤蔓植物，“蔓”与万谐音，故又有“万代”的含义。连茎带枝叶的葫芦，代表了家族人丁兴旺，世世昌荣，千秋万代。五个葫芦，称为“五福临门”，挂在家里能带来吉祥福瑞、富贵财运。

南瓜，藤蔓连绵不绝且籽多，寓意多子多孙、福运绵长、荣华富贵。此外，因南瓜是在地上长的，瓜肉淳朴甜蜜，又有生活幸福、地久天长之意。黄澄澄的南瓜，看着就很吉庆，所以也代表着秋天的丰收和富足。

任务五　中和汤

一、菜肴介绍

中和汤为徽菜名品，至今已有800多年历史。相传中和汤为南宋著名诗人方岳创制。方岳字巨山，7岁能诗，有“神童”之称，是我国南宋后期诗坛上一个重要人物。当年方岳在江西鄱阳湖畔的星子县住宿，邻近的汉阳县境内有来自婺源、祁门、东至的东河、中河、西河三条河流入鄱阳湖，东西河河水浑浊，唯有中河清澈见底并盛产小虾。一次方岳从江西返回家乡祁门探亲，乘舟经过中河时，命家人网取河虾放船头晒干带回家。方岳又爱吃豆腐，回家后就叫人买来豆腐、猪肉，切成骰子大小与虾米同煮，并邀请知己好友前来品尝，味道果然极佳，大家赞不绝口。由于所做之汤取材中河水中河虾，方岳即席命名中河汤。清末，祁门名店中和楼经营此汤，名冠全县，中河汤遂改名为中和汤，取和气之意，又是谐音。

中和汤历代相传，并不断推陈出新。如今此汤主料是新鲜冬笋、新鲜猪肉（肥瘦搭配）、新鲜虾米豆腐或豆干白坯，配以鸡汤、火腿心、香菇，微火炖，吃时放点葱和胡椒粉，宜热吃。中和汤营养丰富，味道鲜美，老少咸宜。

二、制作原料

主配料：水豆腐200克。

调辅料：干香菇9克，鲜冬笋尖75克，干虾米10克，火腿54克，猪夹心肉60克，鸡肉200克，葱4克，精盐2克，白胡椒粉1克，调和油2毫升。

三、工艺流程

原辅料切配→配料焯水→高汤炖主辅料→成品摆盘。

四、制作过程

1. 水中分别放入笋丁、豆腐、香菇等焯水。

2．高汤烧开后，加入焯水的笋丁、火腿、香菇等，盖上盖子，用文火慢炖1个小时。

3．1小时后，加入水豆腐和精盐，加盖再小火慢炖30分钟，加入味精装盘，撒上胡椒粉、葱花即可。

五、操作要点

1．用高汤，不宜用清水。

2．笋丁、豆腐要焯水。

六、重点过程图解

图5—5—1　准备配料

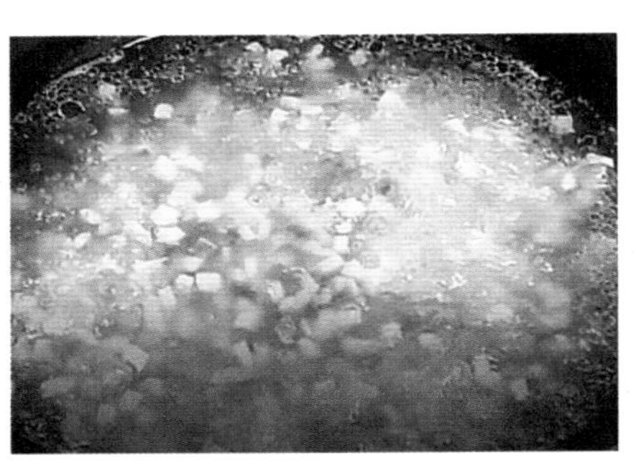

图5—5—2　小料焯水

图5—5—3　高汤炖小料

图5—5—4　装盘成型

七、感官要求

表5—5—1　中和汤菜肴成品感官要求

项目	要求
色泽	汤清，豆腐白嫩，笋肉乳白，虾米鲜红
气味	咸鲜香，具有各种原料的中和香味
味道	咸淡适中，鲜香味美
质地	豆腐嫩滑，辅料柔软、脆嫩
形态	粒状，大小均匀；盛器的规格形式和色调与菜品配合协调

八、营养分析

表5—5—2　中和汤主要原料营养分析

营养分析	豆腐	大豆蛋白质属完全蛋白质，易消化吸收，富含人体需要的8种必需氨基酸；含有丰富的蛋白质及脂肪、碳水化合物、钙、磷
	猪肉	含有丰富的蛋白质及脂肪、碳水化合物、钙、磷、铁等成分，可提供血红素（有机铁）和促进铁吸收的半胱氨酸，能改善缺铁性贫血
	火腿	含多种氨基酸、维生素和矿物质，以及丰富的蛋白质和适度的脂肪
	笋	富含膳食纤维、多种维生素（如维生素B_1、维生素B_2）及矿物质（如钾、钙、镁）等
	香菇	含有丰富的矿物质，如钙、磷、铁等

知识链接

如何挑选豆腐

一看色泽：优质豆腐所呈现出来的颜色是均匀的乳白色或淡黄色，是豆子磨浆色泽；劣质豆腐的颜色呈深灰色，没有光泽。

二看弹性：优质豆腐富有弹性，结构均匀、质地嫩滑、形状完整；劣质豆腐比较粗糙，摸上去没有弹性，不滑溜，发黏。

三闻味道：优质豆腐会有豆制品特有的香味；劣质豆腐豆腥味比较重，并且还有其他的异味。

四尝口感：优质豆腐掰一点品尝，味道细腻清香；劣质豆腐口感粗糙，味道比较淡，还会有苦涩味。

拓展阅读

冷水锅焯水

冷水锅焯水是指把原料和冷水一起下锅加热至一定程度，捞出洗涤后备用。冷水锅适用于腥、膻、臭等异味较重，血污较多的原料，如牛肉、羊肉、大肠、肚子等。这些原料若水沸下锅，则表面会因骤受高温而立即收缩，内部的异味物质和血污就不易排出。冷水锅还适用干笋、萝卜、芋艿、马铃薯等根茎类蔬菜，这些蔬菜的苦味、涩味只有在冷水中逐渐加热才能消除，加上这些蔬菜的体积一般较大，需长时间加热才能成熟，若在水沸后下锅则容易发生外烂里不熟的现象，使焯水除味的目的无法达到。

1. 操作程序：洗净原料入锅→注入清水→加热→翻动原料→控制加热时间→捞出用清水投凉备用。

2. 操作要领：在焯水过程中要不停地翻动原料，使原料受热均匀，加热后应根据原料性质、切配及烹调的需要，有次序地分别取出，防止加热时间过长，原料过于熟烂。

任务11 茄汁豆腐

一、菜肴介绍

大豆的营养丰富，富含多种营养物质，将大豆加工之后可制作成各种豆制品，其中常见豆腐种类有：

1. 卤水豆腐，又叫老豆腐、以氯化镁作为凝固剂点制而成。卤水豆腐硬度较高，颜色白中略偏黄、切面不如南豆腐光滑，但蛋白质、钙含量都比南豆腐高，豆香味更浓郁。适合煎、焖、炒等烹饪技法。

2. 石膏豆腐，又叫嫩豆腐、“南豆腐”，以石膏（硫酸钙）作为凝固剂点制而成。石膏豆腐质地较柔软，颜色较白、细嫩、口感绵软嫩滑，但钙含量不如卤水豆腐。适合火锅、烧汤、蒸等烹饪技法。

3. 内酯豆腐是用葡萄糖酸内酯做凝固剂。内酯豆腐柔软细嫩、剖面光亮，质地柔软，口感比石膏豆腐更为细腻嫩滑。适合凉拌、清蒸、煎煮等烹饪技法。

二、制作原料

主配料：日本豆腐6根，洋葱1个，小葱30克，香菜1根，红椒1个，生粉200克。

调辅料：精盐3克，味精2克，鸡粉5克，白糖2克，黄油15克，泰国鸡酱50克，番茄沙司30克，一品鲜酱油5克，美极鲜5克，草菇老抽2克，鸡油5克。

三、工艺流程

主辅料切配→辅料铺底加热→裹粉炸制→炒制配料→调制料汁→成品装盘。

四、制作过程

1. 将洋葱切片平铺在铁板上，小火烧热再关火备用。

2. 洋葱切粒，小葱白切成粒，红椒切粒，香菜秆切粒备用。

3. 日本豆腐切3段。

4. 日本豆腐放入生粉中裹均匀，油锅置中火上，烧至四成热，将日本豆腐下入锅中炸至表面金黄色，摆在铁板上备用。

5. 黄油融化后加入洋葱末、小葱末、红椒末、香菜末炒香，加入泰国鸡酱、番茄沙司翻炒加水，加入一品鲜酱油、美极鲜、盐、糖、味精、鸡粉、草菇老抽，勾芡，放鸡油调好汁淋在豆腐上，撒上葱花，将铁板再烧热即可。

五、操作要点

1. 炸豆腐至外酥里嫩。

2. 日本豆腐炸之前裹粉。

六、重点过程图解

图5—6—1　食材准备

图5—6—2　洋葱铺底铺上黄油

图5—6—3　豆腐裹粉炸制下锅炸

图5—6—4　熬制茄汁

图5—6—5　浇汁

图5—6—6　装盘成型

七、感官要求

表5—6—1　茄汁豆腐菜肴成品感官要求

项目	要求
色泽	呈酱红色，明油亮芡
气味	具有一种纯正、持久、特殊的茄汁香气
味道	咸鲜甜辣复合味
质地	质地细腻、口感滑嫩、外酥里嫩
形态	盛器规格形式和色调与菜点配合协调

八、营养分析

表5—6—2　茄汁豆腐主要原料营养分析

营养分析	日本豆腐	含有丰富的蛋白质、维生素和微量元素
	洋葱	含有丰富的维生素E和硒、锌等微量元素
	辣椒	含丰富的维生素C。胡萝卜素、维生素B以及钙、铁等矿物质含量亦较丰富。含有辣椒素，可治疗寒滞腹痛、呕吐泻痢、消化不良等症状

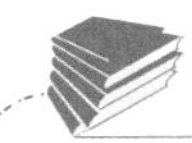
知识链接

容易混淆的生粉与淀粉

生粉和淀粉仅一字之差，用途却大不相同。

不管是炸鱼还是炸肉，大多都会用到淀粉，红薯淀粉是最好的选择，也适用于上浆，比如做水煮鱼、水煮肉的时候，肉片、鱼肉经过上浆后，肉质更嫩，而且不易碎。

放置的时机不同。淀粉一般来说都需要提前加入食材中，比如腌肉、做丸子、调糊；生粉，则是用来勾芡，要最后放入锅中，勾芡后要立马出锅。

黏稠度不同。用同等质量的生粉和淀粉勾芡，用淀粉勾芡后，未能达到理想的状态，而生粉却能包裹住食材，无论是做菜还是做汤，生粉的黏稠度要比淀粉高很多。

形态不同。分别抓一把淀粉和生粉，细细作比较，我们会发现，生粉比淀粉手感上更细一点，摸起来更滑一点，而淀粉却略显粗糙。

拓展阅读

豆腐与廉洁

在古代，豆腐常常被用来当作清正廉洁的象征，所谓“小葱拌豆腐——一清二白”就是在颂扬那些生活清贫的人。由于口感丰富且不沾荤腥，豆腐在古代曾经长期被佛教僧人、道教道士作为主要食品，而除了修道之人和普通百姓之外，豆腐的主要客户还包括许多达官显贵。

北宋初年陶谷的《清异录》当中记载了当时人们称呼豆腐为“小宰羊”，而顿顿本可以吃真正大鱼大肉的高官们之所以吃豆腐，主要是为了营造自己清正廉洁的形象。之所以利用豆腐来营销自己，很明显是由于这种食材价格低廉、味道清淡甚至微苦，能够忍耐得住寡淡的豆腐，自然可见其清心寡欲、不慕名利。豆腐的制作需要一番苦劳，甚至许多匠人为此起早贪黑。经过繁复的制作过程，最终诞生的豆腐不但口感清淡，形状还方方正正，正如一个淡泊名利而刚正不阿的人。

任务七　金枝玉叶

一、菜肴介绍

金针菇亦称朴菇、朴蕈、构菌，是一种食用菌，质地脆嫩，味道鲜美，是冬春著名的食用菌之一。每100克鲜菇中含有水分89.4克，蛋白质2.3克，脂肪0.1克，碳水化合物5.5克，膳食纤维2.7克，胡萝卜素30微克，维生素B_1、维生素B_2以及多糖和二肽类。金针菇菌柄细长脆嫩，菌盖滑嫩，味道鲜美，含有丰富的多糖、蛋白质、矿物质、维生素等营养成分，其中的精氨酸和赖氨酸等人体必需脂肪酸含量高于其他的菇类，被誉为“增智菇”。金针菇具有抗氧化、调节血脂等保健功能。

二、制作原料

主辅料：金针菇400克，肉松200克，淀粉200克，干辣椒20克，白芝麻10克，生菜3片。
调辅料：精盐5克，鸡粉5克。

三、工艺流程

主辅料切配→调制底味→油热炸制→调味拌匀→成品装盘。

四、制作过程

1. 金针菇去尾，一根根地分开，加盐、鸡粉码底味再加淀粉拌匀，抖开，放入五成热的油中炸至有浅黄色，漏勺抖动并伴有沙沙声即可。

2. 干辣椒切成细丝过油，和炸好的金针菇拌在一起，加肉松撒上白芝麻拌匀。

3. 生菜叶垫在盘子中，将拌好的金针菇放在生菜叶上即可。

五、操作要点

1. 金针菇撕成独立的一根根，淀粉沾裹均匀。

2. 在五成热的油温中炸至酥脆，表面成浅黄色。

六、重点过程图解

图5—7—1　处理原料

图5—7—2　金针菇裹粉

图5—7—3　下锅炸制

图5—7—4　金针菇与肉松混合

图5—7—5　装盘成型

七、感官要求

表5—7—1 金枝玉叶菜肴成品感官要求

项目	要求
色泽	色泽金黄，不焦不黑
气味	菌菇独有的鲜香，肉松的香甜
味道	鲜香爽脆
质地	口感焦脆，质地蓬松
形态	形状完整；盛器的规格形式和色调与菜点配合协调

八、营养分析

表5—7—2 金枝玉叶主要原料营养分析

营养分析	金针菇	含有较全面的人体必需氨基酸，尤其是赖氨酸和精氨酸
	肉松	含有丰富的蛋白质及脂肪、碳水化合物、钙、磷、铁等成分，可提供血红素（有机铁）和促进铁吸收的半胱氨酸，能改善缺铁性贫血
	生菜	含有大量的β胡萝卜素、抗氧化物、维生素B_1、维生素B_6、维生素E、维生素C；含有大量膳食纤维和镁、磷、钙及少量的铁、铜、锌等微量元素

知识链接

肉松的制作方法

1. 500克猪后腿肉洗净，去除所有肥肉和筋膜，仅留瘦肉部分。
2. 肉放入锅中，加入2节葱段、2片姜片、1粒八角，加水没过肉，大火煮沸后，转小火煮20分钟，用筷子可以轻松扎透即可。煮的过程中如有泡沫要撇出。
3. 肉捞出沥干水分，掰成小块。
4. 撕成细丝，尽量使每一根粗细均匀。
5. 撕好的肉丝，要马上进行炒制。
6. 锅中倒入一勺油，约15毫升，将肉丝均匀地铺在锅中，将火调至最小。
7. 加入盐、生抽、料酒、白糖和咖喱粉。不断翻炒，等待肉丝中的水分慢慢蒸发。
8. 不停翻炒约30分钟，肉丝越来越干并蓬松，颜色金黄即可。
9. 炒好的肉松要趁热摊开晾凉，不要使肉松堆积，彻底晾凉后即可装瓶密封。

拓展阅读

酥炸菜的油温掌控及补充调味

酥炸菜肴宜分2次炸，第一次用低温定型，油温不能太高太低，太低原料下后容易脱糊，太高原料下锅后又容易粘连，外表易糊，影响复炸效果。第二次高温炸至色泽金黄、外表酥脆为宜，在整个过程中，大块原料要用漏勺托住，以免原料和锅底接触发糊，小块原料要分散下锅，以免粘连，要用手勺不停翻动原料，使其受热均匀，色泽保持一致。

酥炸菜肴一般要做补充调味，才能使菜味道鲜美，其常用的有花椒盐、甜面酱、葱白、辣酱油等。

1. 花椒盐：将花椒50克、精盐10克入炒锅，用小火炒至出香味即可。

2. 甜面酱：将甜面酱100克与适量的香油调匀，上屉蒸5分钟即可。

3. 菊花葱：把葱白切成7厘米长的段，将一头切菊花刀，用清水浸泡，即得菊花葱。

4. 辣酱油：在上等的酱油内加入红油调匀便得。

任务十　火味南瓜饼

一、菜肴介绍

南瓜在明代传入中国，其易种植、成活且产量较高，因此逐渐被大众接受和食用。古人除了食用南瓜的果实，还会食用南瓜的花、叶子。

南瓜内含有维生素和果胶，果胶有很好的吸附性，能黏结和消除体内细菌毒素和其他有害物质，起到解毒作用。除此之外，南瓜还可以促进胆汁分泌，加强胃肠蠕动，帮助食物消化。南瓜富含色氨酸，可帮助人体制造血清素，这种神经递质有放松精神的作用，能缓解紧张感，有助入眠。

二、制作原料

主辅料：老南瓜1000克，大蒜1个，红椒1个，火腿50克，小葱50克，生粉100克，面粉400克，鸡蛋1个。

调辅料：精盐2克，味精5克，白胡椒粉5克，鸡粉5克，花雕酒10克，生抽10克。

三、工艺流程

主辅料切配→调制生胚→油热炸制→定型复炸→控油装盘。

四、制作过程

1. 老南瓜切细丝，大蒜、红椒、火腿、小葱切粒，放盐、味精、胡椒粉、鸡粉抓匀，静置出水，放生粉、花雕酒、老抽、面粉、鸡蛋拌匀加少许水，制成南瓜饼生坯，上面放色拉油少许备用。

2. 锅上油温烧到四成热，将南瓜饼丝放在手勺中按扁成圆形，用拖扒手法下到油锅里炸，炸至定型、上色捞出，按扁修圆，再放入五成油温的锅中复炸，表面焦黄香脆后捞出控油，装盘。

五、操作要点

1. 注意拖炸手法及控制南瓜饼生坯厚度。
2. 注意炸的油温。

六、重点过程图解

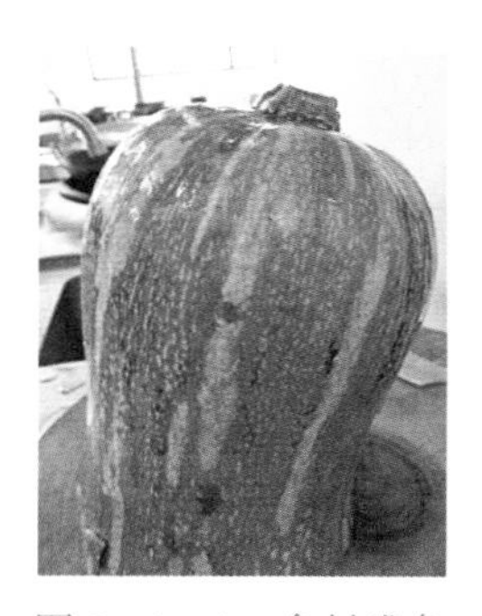

图5—8—1　食材准备

图5—8—2　南瓜去皮切丝

图5—8—3　加入调料搅拌均匀

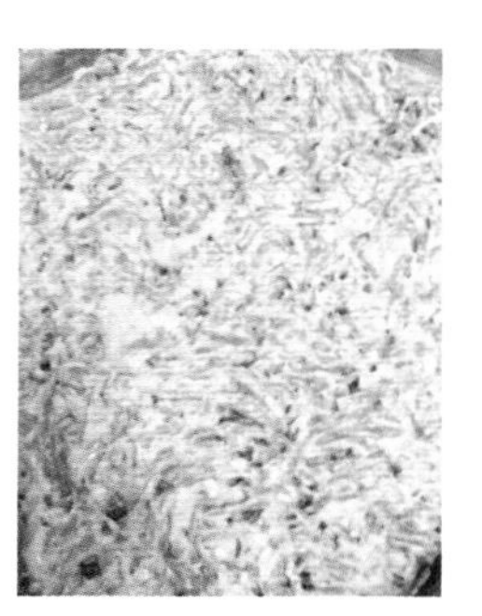

图5—8—4　加粉拌匀

图5—8—5　炸制金黄

图5—8—6　装盘成型

七、感官要求

表5—8—1　火味南瓜饼菜肴成品感官要求

项目	要求
色泽	色泽金黄
气味	具有浓郁的南瓜香气
味道	咸鲜微辣
质地	外酥里嫩
形态	扁平修圆；盛器的规格形式和色调与菜点配合协调

八、营养分析

表5—8—2　火味南瓜饼主要原料营养分析

营养分析	南瓜	含有丰富的氨基酸、类胡萝卜素；含有果胶和矿物质、维生素、膳食纤维等多种营养元素
	火腿	含多种氨基酸、维生素和矿物质，以及丰富的蛋白质和适度的脂肪
	鸡蛋	含有丰富的蛋白质，含多种重要的矿物质（铁、钾、钠、镁），含丰富的维生素A、维生素B_2、维生素B_6等

知识链接

表6—8—3　油温的鉴别及运用

油温	现象	烹饪中的运用
30℃～80℃	锅内略微有响声，少量水分慢慢地向外渗透	用于油发原料的涨发，例如鱼肚、蹄筋、响皮等，也适合炒酱料
80℃～120℃	油面泛起白泡，无声响和青烟，竹筷放入油中有细小气泡	用于滑炒、软炸等，具有保鲜嫩、除水分的作用
120℃～180℃	油面波动，向四周翻动，微有青烟升起，竹筷下去后气泡密集	用于炒、炝等烹调方法，能保持青菜中的营养，防止蔬菜过度脱水
180℃～240℃	油面转为平静，有青烟，炒勺搅动时有响声	用于炸、煎、爆等烹调方法以及体积较大原料的复炸
240℃～300℃	油烟密，有灼热的热气，青烟四起并不断向上冲	适用于蒸制和水煮类菜肴的淋油

拓展阅读

分餐制

分餐相对于合餐，就是将食用者的用餐器具分开，菜品各客盛装，尤其适合于特色餐厅、高级商务酒店、高档会所、高档酒店的高档就餐消费。分餐不提倡互相夹菜以示礼让，避免合餐不用公筷公匙夹菜出现的卫生问题，分餐已成为中餐饮食的时尚方式。

分餐制主要有三种形式：①厨师分餐，指厨师在厨房将制作的菜品按每客一份装盘，分别呈现在客人席面前；②服务员分餐，指餐厅服务人员在分餐台或台面将菜品分给每位就餐者；③餐者自行分餐，指就餐者通过使用公筷、公匙等公用餐具分取菜品，再用各自餐具进食。高档宴请、自助餐和套餐均采用分餐制。

任务⑨ 椒盐南瓜花

一、菜肴介绍

食花，以花入菜，在我国历史悠久。屈原的《离骚》里有“朝饮木兰之坠露兮，夕餐秋菊之落英”，可见当时就有食用花朵的习俗。清代徐珂的《清稗类钞•饮食类》中记载了玉兰花的使用方法：玉兰花饼者，取花瓣，拖糖面，油煎食之。

不只是中国，日本食用鲜花的风俗也是长盛不衰，樱花、梅花、菊花、紫藤花等，拌沙拉或者做天妇罗、用盐渍樱花代茶饮，以上种种多是受中国古代食花习俗所影响。

二、制作原料

主辅料：南瓜花16朵，洋葱1个，小葱20克，青椒1个，红椒1个，鸡蛋1个，面粉300克，生粉100克，泡打粉5克，吉士粉5克。

调辅料：精盐2克，味精3克，椒盐10克，黄油5克。

三、工艺流程

主辅料切配→调制蛋糊→炸前调味→油热炸制→下料炒制→装盘成菜。

四、制作过程

1. 葱、青椒、红椒、洋葱切粒。
2. 面粉、生粉按1∶3比例加水并打入1个鸡蛋调成全蛋糊静置备用。
3. 炸制前调底味。南瓜花撕成2～3瓣放入调好的糊中备用。
4. 三成油温初炸，五成油温复炸。
5. 锅放黄油融化，下椒盐料炒香，下南瓜花撒椒盐，翻炒后淋麻油出锅装盘。

五、操作要点

1. 注意全蛋糊调制比例。
2. 准确控制炸南瓜花的油温。

六、重点过程图解

图5－9－1　原料切配

图5－9－2　南瓜花三等分

图5－9－3　南瓜花裹粉炸制

图5—9—4　摊凉备用

图5—9—5　下锅炒制

图5—9—6　装盘成型

七、感官要求

表5—9—1　椒盐南瓜花菜肴成品感官要求

项目	要求
色泽	色泽金黄，明亮
气味	南瓜花的异香、炸制品的焦香味
味道	咸鲜味美，脆嫩
质地	口感脆嫩、焦香可口
形态	形状完整，不破不碎，无粘连

八、营养分析

表5—9—2　椒盐南瓜花主要原料营养分析

营养分析	南瓜花	含有丰富的蛋白质、氨基酸、B族维生素和酶等
	洋葱	含有丰富的维生素E和硒、锌等微量元素
	鸡蛋	含有丰富的蛋白质，含多种重要的矿物质（铁、钾、钠、镁），含丰富的维生素A、维生素B_2、维生素B_6等

知识链接

蛋糊的分类及用途

蛋糊，又称蛋白糊，是用蛋清、淀粉（或面粉）以1∶1的比例调制而成，即蛋清50克、淀粉（或面粉）50克，可加适量水。这种糊能使菜肴外松脆、里鲜嫩、色淡黄。软炸类菜肴常用此糊，如“软炸虾”“软炸鱼条”等。

全蛋糊，又称蛋粉糊，是用全蛋（蛋清、蛋黄均用）、淀粉（或面粉）以1：1的比例调制而成，即蛋50克、淀粉（或面粉）50克，加适量的水。这种糊能使菜肴外酥脆、内松嫩、色泽金黄，炸熘的菜肴常用此糊。

蛋泡糊，又称高丽糊、雪衣糊，是把鸡蛋清抽打成泡沫状后，再加入米粉（或淀粉、面粉）拌匀即成。蛋清与米粉（或淀粉、面粉）的比例为3：1，即蛋清150克、米粉（或淀粉、面粉）50克。这种糊制作的菜肴外形饱满、色泽洁白、外形美观，多用于松炸等烹调方法，如“雪衣大虾”“炸羊尾”等。

拓展阅读

如何做出味道鲜美的汤

肉汤：将肉丝（片）下冷水锅，烧沸后改用文火慢煮，可使肉中营养成分充分溶解，汤味更加鲜美。

鸡汤：用新鲜的鸡做汤，应在水烧沸后下锅；用腌过的鸡做汤，可温水下锅；用冷冻的鸡做汤，则应冷水下锅，这样才能使肉、汤鲜美可口。

骨头汤：先将“浸”骨头的血水入锅煮沸，撇去浮沫，再放入骨头熬制，可使汤鲜味浓。

炖鱼汤：要一次加足水，用小火慢慢炖，放点啤酒味更好，炖至鱼汤呈乳白色即可。切不可中途加水，那样会冲淡鱼汤的浓香味。

参考文献

［1］余广宇，鲍兴．徽菜与徽菜标准化［C］//第一届全国餐饮学术年会论文集．中国烹饪协会，2010．

［2］伊俊．中国八大菜系：徽菜［J］．养生保健指南（中老年健康），2012（10）：35．

［3］陈忠明．徽菜概论［J］．扬州大学烹饪学报，2003（04）：39–45．

［4］邵之惠．论徽菜特点的形成与发展［J］．黄山学院学报，2003（03）：40–43，46．

［5］李前智．绩溪与徽菜［J］．饮食文化研究，2005（04）：58–66．

［6］胡善风．徽商与徽菜［J］．黄山高等专科学校学报，1999（04）：40–41．

［7］胡善风．论徽商对徽菜的作用［J］．中国烹饪研究，1999（01）：15–16．

［8］胡善风．徽菜徽厨伏岭人［J］．中国食品，2002（07）：40–42．

［9］孙克奎．安徽名菜［M］．合肥：合肥工业大学出版社，2009．

［10］黄山学院．中国·徽州文化［M］．合肥：安徽人民出版社，2018．

［11］金声琅．旅游营养与卫生［M］．合肥：合肥工业大学出版社，2017．

［12］王璐．徽菜名称的语言和文化研究［D］．合肥：安徽大学，2013．

［13］安徽省烹饪协会．中国徽菜［M］．青岛：青岛出版社，2007．

［14］黄山市烹饪协会．徽菜［M］．合肥：黄山书社，2005．

［15］邵之惠，洪璟，张脉贤．徽菜［M］．合肥：安徽人民出版社，2004．

［16］中国八大菜系丛书编委会．徽菜［M］．北京：民主与建设出版社，1998．

［17］袁洪业，李荣惠．安徽风味［M］．青岛：青岛出版社，1995．

［18］赵廉．烹饪原料学［M］．北京：中国财经出版社，2002．

［19］崔桂有．烹饪原料学［M］．北京：中国商业出版社，1997．

［20］彭景．烹饪营养学［M］．北京：中国轻工业出版社，2001．

［21］孙克奎．黄山市徽菜发展建设的SWOT分析［J］．黄山学院学报，2013，15（2）：14–17．

［22］朱国兴，金声琅，孙克奎．徽州菜肴的地理表征及感知分析［J］．地理研究，2011，30（12）：2222–2228．

［23］孙克奎，唐晖慧．石耳入肴也美味［J］．中国食品，2008，517（21）：50–51．